北京市社区教育课程开发系列教材

智能手机乐生活

主　编　张　超　孔维勇
副主编　王艺儒　闵　霞
参　编　丁　佳　马天平　王海军
朱金源　巩建文　张　泉
张奕冰　杨士山　荣　娜

机　械　工　业　出　版　社

本书属于北京市社区教育课程体系中“做科技北京人”系列教材，主要面向社区中老年人群体，用于满足学习者对智能手机和移动互联网应用体验的需求，从而感受到智能手机便携、智能等特点，享受到智能手机所带来的更多、更强、更具个性的服务。

本书内容分为七个单元。分别是手机微信、手机支付与购物、手机出行、手机摄影、手机音视频录制、手机阅读和手机健康生活。每一单元都详细地介绍了该类手机软件的常用操作方法和操作技巧。各个单元的内容既相互独立，又互有关联，且全书配有多幅图示，易于阅读理解。

本书图文并茂，文辞简洁，通俗易懂，能够最大限度地满足社区中老年人的学习需求。

图书在版编目（CIP）数据

智能手机乐生活/张超，孔维勇主编. —北京：机械工业出版社，2018.11（2023.4 重印）
北京市社区教育课程开发系列教材
ISBN 978-7-111-61371-8

Ⅰ.①智… Ⅱ.①张… ②孔… Ⅲ.①移动电话机—社区教育—教材
Ⅳ.①TN929.53

中国版本图书馆 CIP 数据核字（2018）第 259804 号

机械工业出版社（北京市百万庄大街 22 号　邮政编码 100037）
策划编辑：宋　华　　责任编辑：宋　华
责任校对：朱继文　　封面设计：陈　沛
责任印制：常天培
北京机工印刷厂有限公司印刷
2023 年 4 月第 1 版第 2 次印刷
169mm×239mm · 12.5 印张 · 228 千字
标准书号：ISBN 978-7-111-61371-8
定价：35.00 元

凡购本书，如有缺页、倒页、脱页，由本社发行部调换

电话服务
服务咨询热线：010-88379833
读者购书热线：010-68326294

网络服务
机 工 官 网：www.cmpbook.com
机 工 官 博：weibo.com/cmp1952
教育服务网：www.cmpedu.com
金 书 网：www.golden-book.com

社区教育是我国终身教育体系和学习型社会建设的重要组成部分，是满足人民群众不断增长的多样化学习需求的重要途径。《国家中长期教育改革和发展规划纲要》(2010—2020年)明确提出，到2020年，我国教育改革和发展的战略目标是：基本实现教育现代化，基本形成学习型社会，进入人力资源强国行列。2016年7月发布的《教育部等九部门关于进一步推进社区教育发展的意见》中提出：到2020年，社区教育治理体系初步形成，内容形式更加丰富，教育资源融通共享，服务能力显著提高，发展环境更加优化，居民参与率和满意度显著提高，基本形成具有中国特色的社区教育发展模式。同时明确指出：要提升社区教育内涵，加强课程资源建设，鼓励各地开发、推荐、遴选、引进优质社区教育课程资源，推动课程建设规范化、特色化发展。鼓励引导社区组织、社区居民和社会各界共同参与课程开发，建设一批具有地域特色的本土化课程。

为落实《国家中长期教育改革和发展规划纲要》(2010—2020年)精神和教育部等九部门的意见，满足北京市全民学习、终身学习的学习型社会建设的需要，北京市对社区教育发展高度重视，基本建立起了以社区为依托，整体育人、提高全民素质的社区教育新格局。近年来，社区教育的课程资源日渐丰富，对社区教育课程教学的探索也不断深入，社区教育质量不断提高，北京市社区教育发展开始进入内涵发展的关键时期。为丰富社区教育课程内容，规范社区教育课程建设，提升社区教育质量，从2015年开始，北京市教委在全市组织开展了社区教育课程建设，开发体现北京市特色的高质量社区教育课程系列教材。

社区教育课程系列教材的开发采用政府领导、科研伴随、专家指导、各区与社区教育单位积极参与的工作机制。在北京市教委的领导下，北京教科院组织专家团队开展了北京市社区教育现状调研，并在此基础上初步形成北京市社区教育课程体系，制定了北京市社区教育课程教材编写体例，用于指导社区教育课程系列教材开发工作。

首批社区教育课程系列教材开发工作，以2015年北京市社区教育课程教材(讲义)评选活动中的获奖作品为基础，按照北京市社区教育课程体系中“做健康北京人”“做文明北京人”“做科技北京人”“做优雅北京人”“做智慧北京人”五大课程系列完成了9本教材的开发。

首批社区教育课程系列教材的开发工作，得到了北京市教委领导的高度关注，社区教育专家、课程教学专家的倾力指导，北京市各区教委职成科、社教科、相关社区教育学院、社区教育中心、职业院校及单位的大力支持，以及9本教材所有编者的全力付出，在此表示衷心的感谢！

首批社区教育课程系列教材的开发，还只是探索北京市社区教育课程资源建设工作的初步成果，在各方面还存在很多不成熟、不完善的地方，衷心期待能够得到广大社区教育专家、同仁的批评与指正，也期望在社区教育课程实践中得到检验。

北京市社区教育课程开发
系列教材编写委员会

《教育部等九部门关于进一步推进社区教育发展的意见》提出结合实施“宽带中国”战略和“互联网＋城市”“互联网＋科普”计划，推进社区教育信息化发展。随着手机功能的丰富以及移动互联网的快速发展，智能手机已然成为我们必不可少的电子设备，同时也改变着我们的生活方式和交流方式。在“互联网＋”的到来和智能手机基本普及的背景下，手机在社会生活的各领域应用广泛，手机交友、手机购物、手机出行、手机摄影摄像、手机挂号等被大众普遍使用。学会正确利用智能手机，轻松享受智能手机为人们生活带来的便利，已经成为社区居民，特别是中老年人群的迫切需求。为了最大限度地满足社区居民在信息化时代的生活和学习需求，编写组在北京市教委职成处的领导下，在北京教科院职成教研中心和专家的指导下，编写了《智能手机乐生活》，用于社区教育教学工作。

本书属于北京市社区教育课程体系中“做科技北京人”系列教材。主要用于满足学习者对智能手机和移动互联网应用体验需求，帮助学习者掌握智能手机常用功能的操作方法，提升学习者对智能手机的操作技能，深入了解智能手机在交友、娱乐、商务、时讯及生活服务等方面的多种应用功能，以更好地满足学习者对移动互联的体验，使学习者感受到智能手机便携、智能等特点，享受到智能手机所带来的更多、更强、更具个性的社交化服务。同时在学习活动中也能促进社区居民的沟通交流，增进感情，提高社区居民的生活品质，丰富社区居民的精神文化生活。

本书内容分为七个单元。分别是手机微信、手机支付与购物、手机出行、手机摄影、手机音视频录制、手机阅读和手机健康生活。每一单元都详细地介绍了该类手机软件的常用操作方法和操作技巧，通过智能手机操作功能展示和生活实例再现进行教学，而后学习者进行实践练习体验。各个单元内容既相互独立，又互有关联。社区教育单位可根据需要选择其中一个单元或多个单元进行教学。

本书由北京市通州区教师研修中心与昌平社区学院共同编写完成，张超、孔维勇担任主编，王艺儒、闵霞担任副主编，参加编写的还有丁佳、马天平、王海军、朱金源、巩建文、张泉、张奕冰、杨士山、荣娜。本书在编写过程中得到了北京教科院职成教研中心刘海霞老师和孙雅筠、何兵两位专家的耐心指导，在此表示感谢。

由于本书编写时间紧迫，水平有限，尽管编者付出了巨大努力，仍然会有疏漏和不足，敬请各位领导、专家和广大社区居民朋友批评指正。我们将听取各方面的意见，逐步完善本书，使之更科学、更实用。

编　者

目录 Contents

学习单元一 手机微信

学习目标

知识目标

能说出微信的主要功能，知道智能手机微信建群、群设置以及手机和电脑信息互传的操作方法。熟悉微信的基本使用方法，知道其操作技巧。

能力目标

会注册微信账号、登录、添加好友，会发送和接收文本、图片、音视频和微信红包。

情感目标

转变观念，体会微信的便利快捷，享受手机微信带来的沟通无障碍的快乐。

学习重难点

学习重点

手机微信的功能；微信的基本使用方法。

学习难点

熟练使用手机微信的功能；微信的操作技巧。

任务一　微信安装

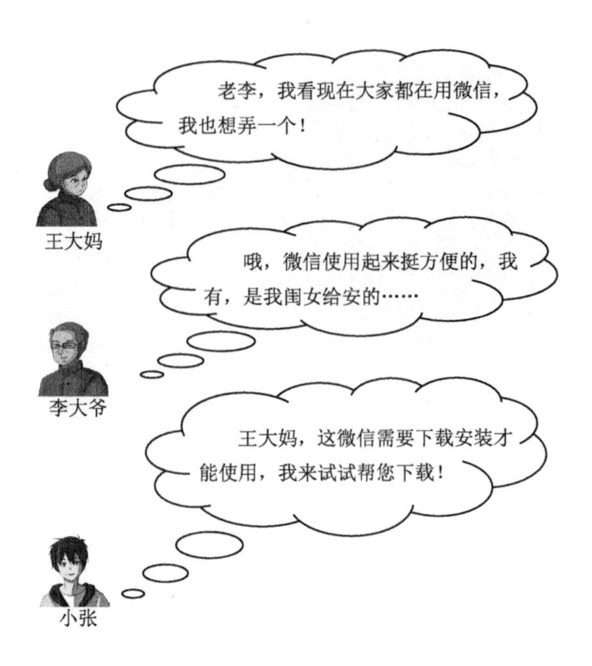

随着微信使用越来越普遍，大家对微信的认识不断深入，我们也在享受微信带来的全新体验。微信是为智能手机提供即时通信服务的免费应用软件，具有零资费、跨平台、易使用等特点，可以说，会在手机上输入文字，也就能使用微信。微信让生活更简单。

活动一：网络设置

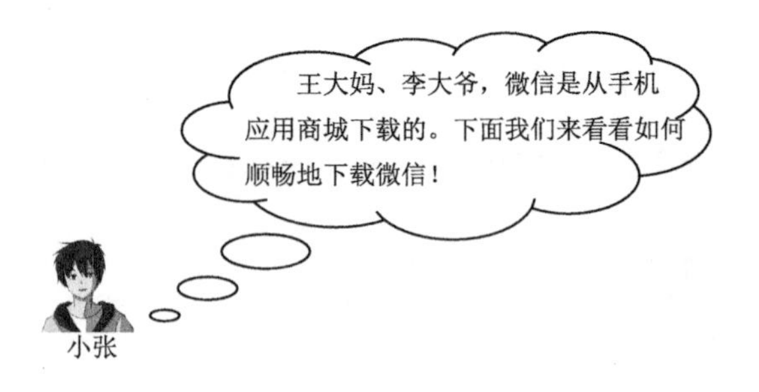

智能手机在下载软件和上网时都需要连接网络。智能手机使用网络大概可以分为两类，一种是无线网络 WLAN，又称 Wi-Fi，另一种是移动网络，消耗手机数据流量。首先我们来看看无线网络 WLAN 的设置方法。

无线网络设置：

第一步：在手机屏幕上找到“设置”按钮或图标，如图 1-1-1 所示，单击进入“设置”后找到“WLAN”，如图 1-1-2 所示。

图 1-1-1　单击“设置”

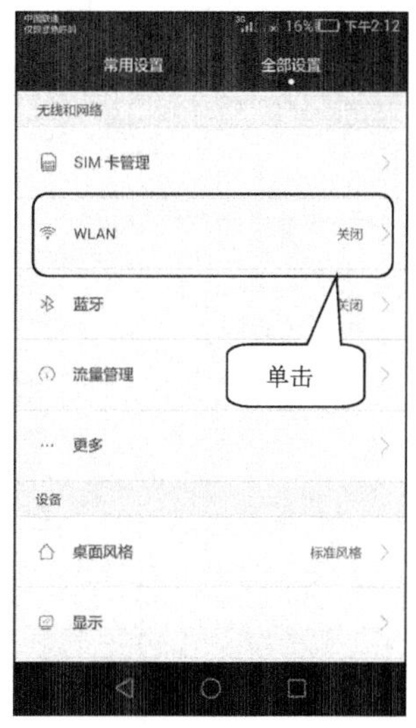

图 1-1-2　选择“WLAN”

第二步：将“WLAN”设置页面右上角的“关闭/打开”按钮单击打开，如图 1-1-3 所示。打开后在“WLAN”设置页面出现很多的无线网络名称，如图 1-1-4所示。

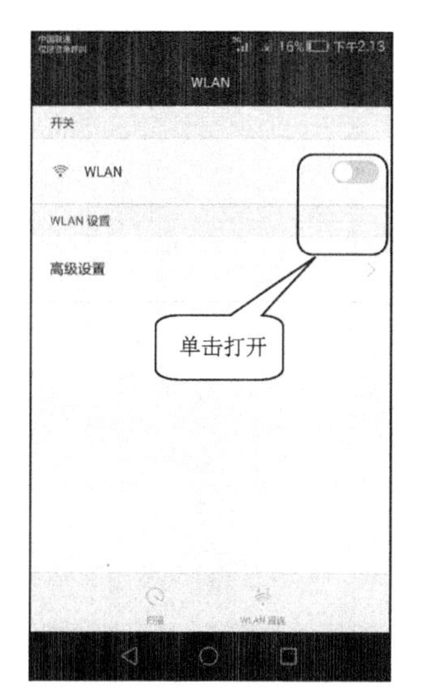

图 1-1-3　单击打开

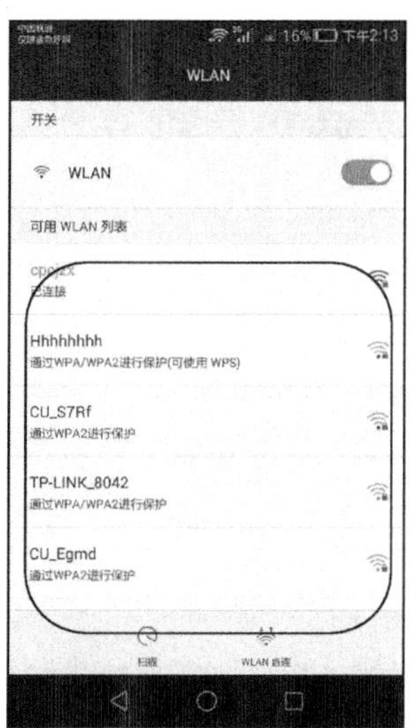

图 1-1-4　选择无线网

第三步：找到自己知道的无线网络，单击进入，输入密码后单击“连接”按钮，如图 1-1-5 所示，手机显示连接 WLAN 完成，如图 1-1-6 所示。

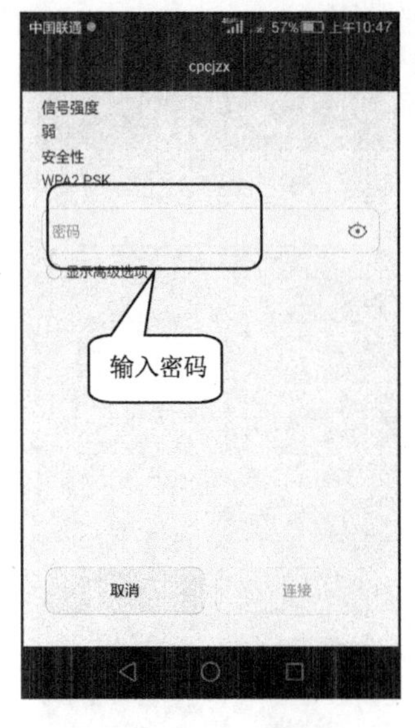

图 1-1-5　输入密码

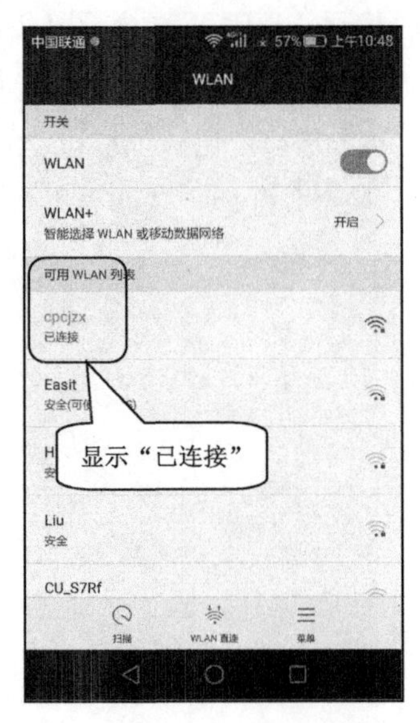

图 1-1-6　完成连接

移动网络设置：

第一步：首先打开手机中的“设置”选项，单击“更多”，找到“移动网络”选项，单击进入，如图 1-1-7 和图 1-1-8 所示。

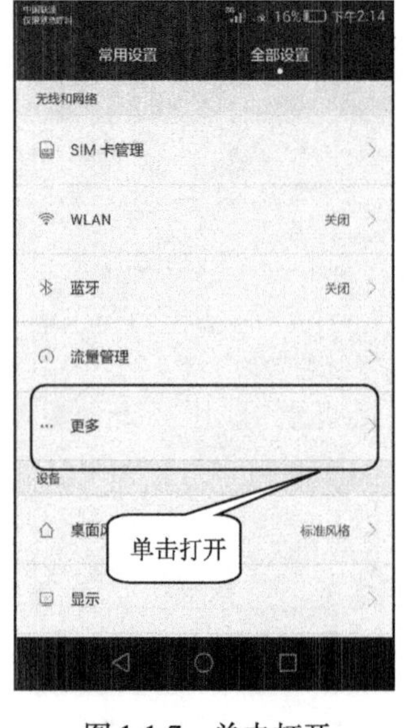

图 1-1-7　单击打开

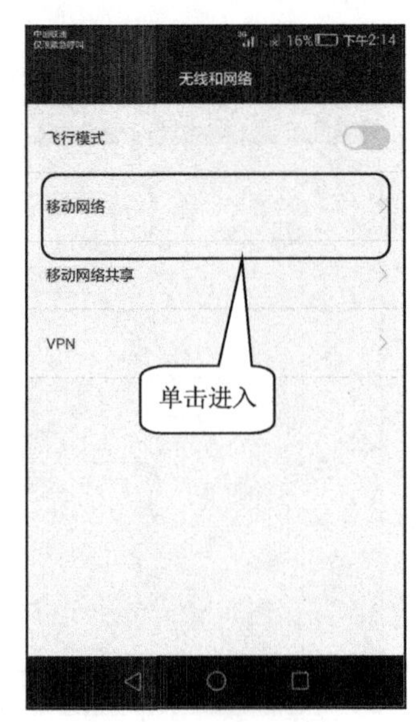

图 1-1-8　单击进入

第二步，开启移动数据，如图 1-1-9 所示。

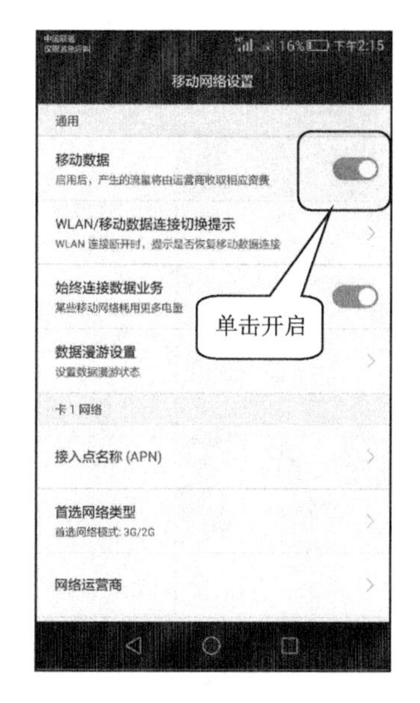

图 1-1-9　单击开启

小贴士：手机在同时开着 Wi-Fi 和移动网络时，会优先选择使用 Wi-Fi，只有当 Wi-Fi 断网时，才会启用移动网络，即消耗手机数据流量。

活动二：下载微信

第一步：进入智能手机的“应用市场”，如图 1-1-10 所示，然后单击搜索栏，如图 1-1-11 所示。

图 1-1-10　进入“应用市场”

图 1-1-11　单击搜索栏

第二步：在搜索界面，输入“微信”名称，然后搜索“微信”，如图 1-1-12 所示，之后就可以找到微信下载安装界面了，单击右侧的“安装”图标，即可开始下载安装，如图 1-1-13所示。

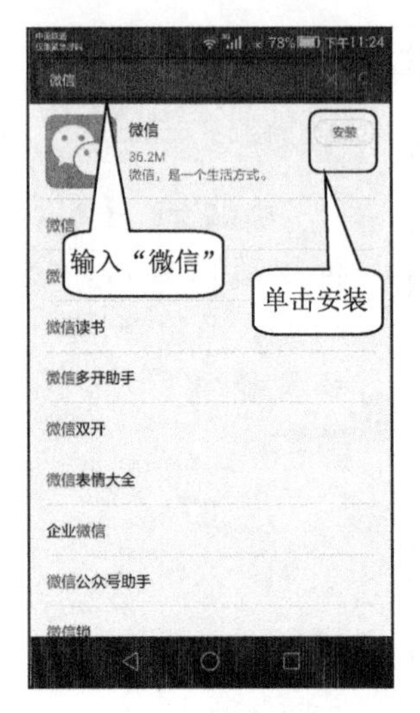

图 1-1-12　单击安装微信

图 1-1-13　正在安装

第三步：等待微信下载安装完成即可。安装完成后，可以立即打开，如图 1-1-14所示，也可以在智能手机桌面看到已经下载安装成功的“微信”图标，单击进入，如图 1-1-15 所示。

图 1-1-14　单击打开

图 1-1-15　进入微信界面

练习题：

以上我们学习了网络设置和下载安装微信的具体操作方法，下面我们可以在家练习设置家里的无线网络 WLAN，并尝试下载手机微信软件。

任务二 微信交友

微信是一款通过网络快速发送语音短信、视频、图片和文字，并支持多人群聊的手机通信软件。因为使用简单、找朋友便捷、发送内容方式多样等优点，所以使用人数剧增，越来越成为信息时代流行的大众交流工具。让我们一起加入微信大家庭吧。

活动一：注册微信

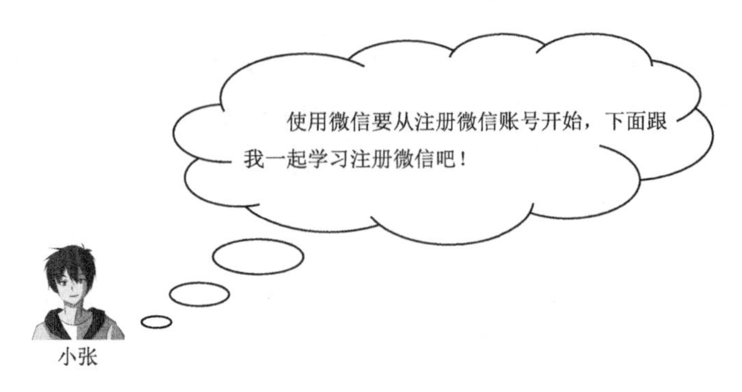

第一步：开启微信进行注册，如图 1-2-1 所示。由于微信是手机聊天软件，只能通过手机端进行注册。单击右下角的“注册”按钮，如图 1-2-2 所示。

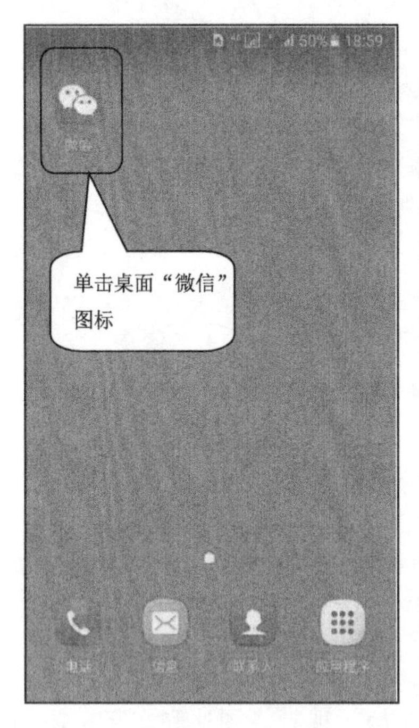

图 1-2-1　单击“微信”图标　　图 1-2-2　单击“注册”按钮

第二步：填写常用手机号，填写昵称，设置头像，单击“注册”，如图 1-2-3所示。

第三步：确认接收手机验证码的手机号码，无误，单击“确定”，如图 1-2-4所示。

第四步：收到手机短信验证码，如图 1-2-5 所示，填写验证码后，单击“下一步”，如图 1-2-6 所示。

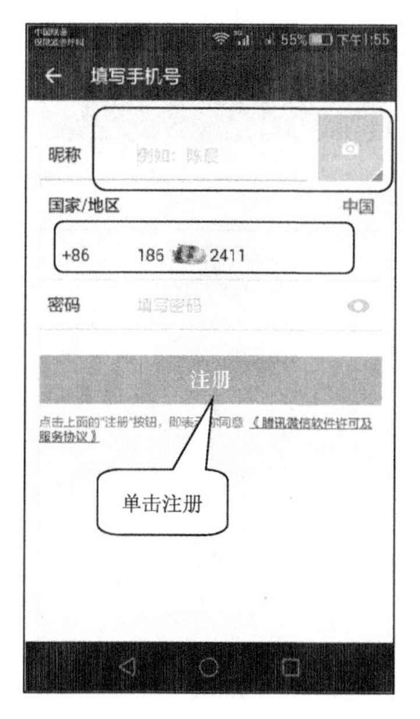

图 1-2-3　输入昵称和密码

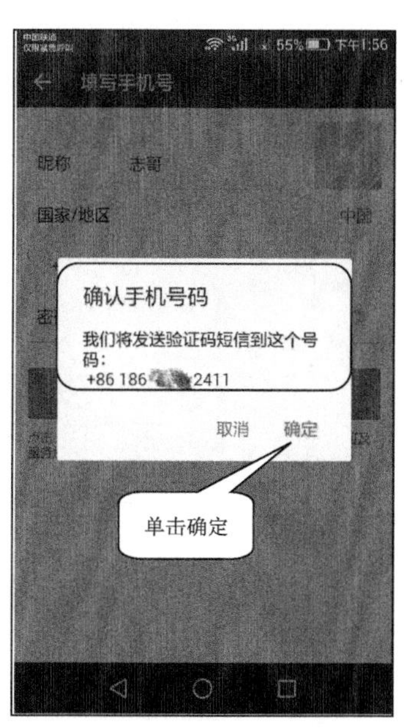

图 1-2-4　单击确定

图 1-2-5　收到验证码

图 1-2-6　输入验证码

第五步：进入设置微信登录密码界面，输入并确认密码，完成注册，如图 1-2-7所示。如下次登录使用的是同一部手机，单击微信图标就可以自动登录了；如更换手机登录，则需要输入密码方能登录，如图 1-2-8 所示。

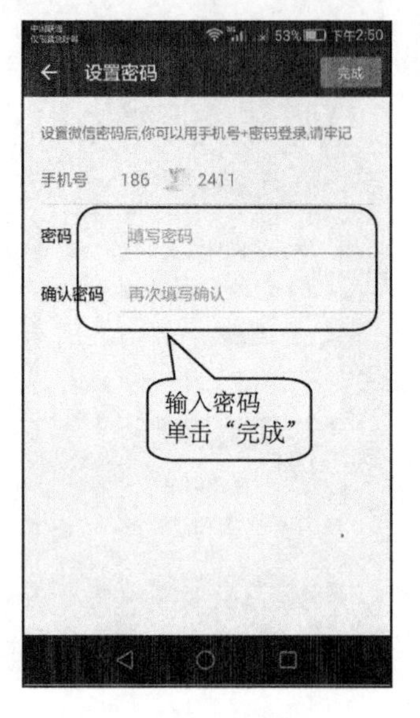

图 1-2-7　设置密码　　　　图 1-2-8　单击登录

小贴士：密码设置要注意安全，尽量不要用生日、电话号码、身份证号等与个人信息明显相关的信息。为防止微信被盗用，请大家定期修改登录密码。

活动二：添加好友

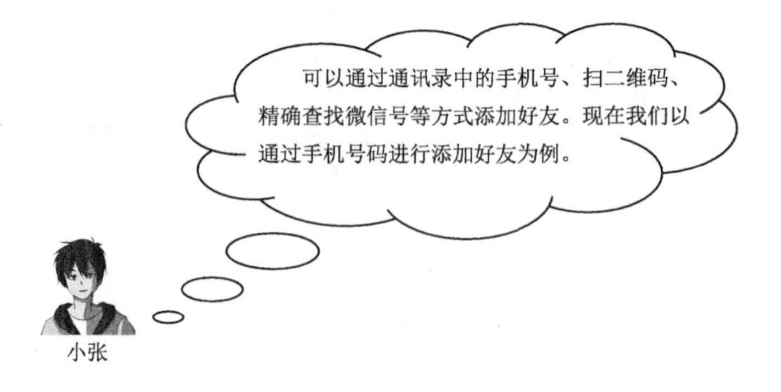

第一步：在微信的主面板底部的菜单栏中，找到并进入“通讯录”界面，单击右上角“ + ”，如图 1-2-9 所示，在界面右上角找到“添加朋友”，进入添加好友界面，如图 1-2-10 所示。

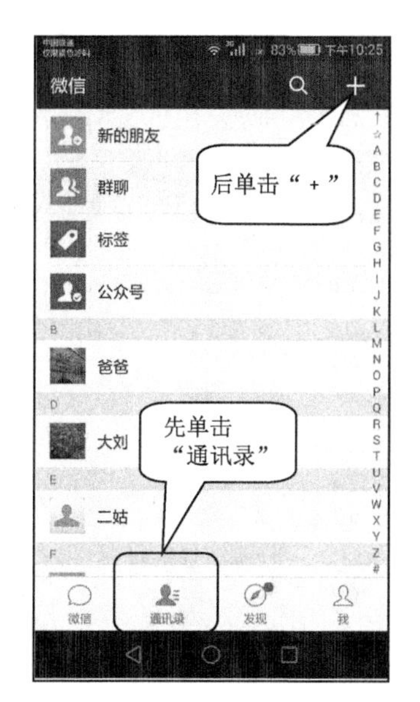

图 1-2-9　单击加号

图 1-2-10　添加朋友

第二步：在页面上方的搜索框中输入要搜索的手机号，然后单击键盘上的“搜索”按钮，如图 1-2-11 所示。在检索到的好友账号界面中，单击“添加到通讯录”按钮，如图 1-2-12 所示。

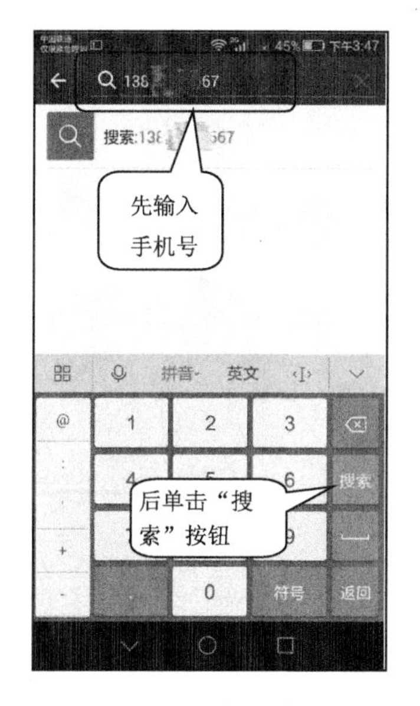

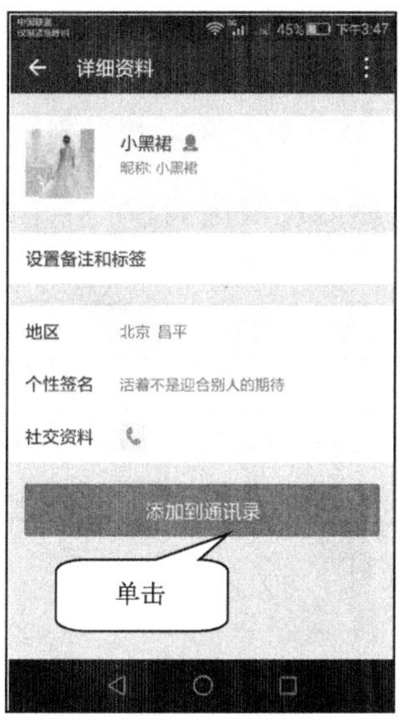

图 1-2-11　输入手机号　　图 1-2-12　添加到通讯录

第三步：在验证方框中输入自己的验证内容和信息，确认完成以后找到右上角的“发送”按钮并单击完成添加好友请求的发送，如图 1-2-13 所示。等待好友验证通过后，好友就自动添加进入“通讯录”中，如图 1-2-14 所示。

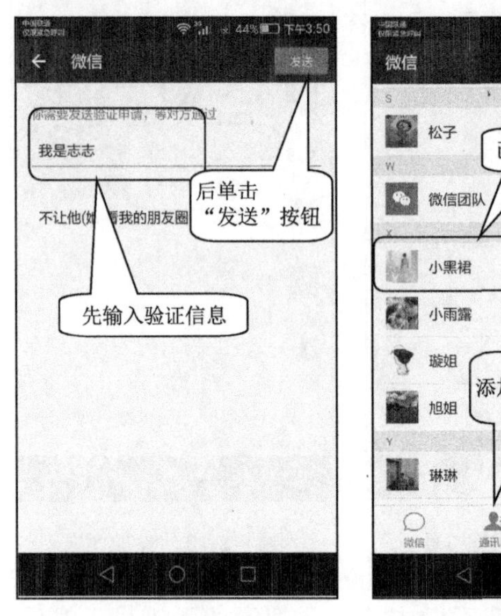

图 1-2-13　发送

图 1-2-14　好友验证后

以上是通过手机号进行添加好友的操作过程。我们也可以通过微信号和 QQ 号进行添加好友，如图 1-2-11 所示，在指定位置输入要添加好友的微信号或 QQ 号即可。完成添加好友操作后，要耐心等待对方验证通过后，方可与对方建立“好友”关系，才能进行聊天和视频等。

活动三：给好友发送消息

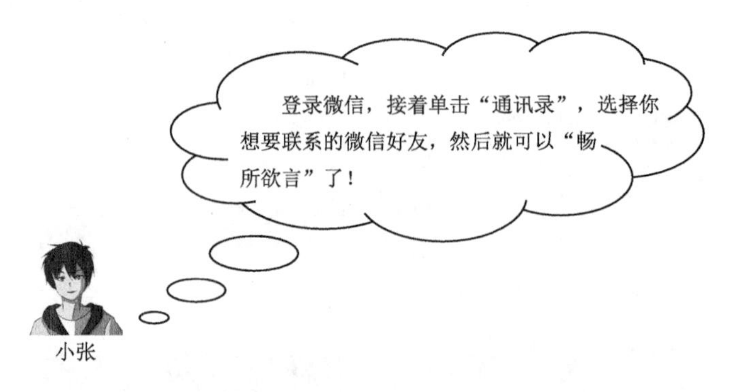

给好友发送的消息主要有三种形式：文字、语音、照片。以下分别介绍。

发文字

第一步：登录微信，接着单击“通讯录”，选择你想要联系的微信好友，如

图 1-2-15 所示，单击“发消息”按钮，如图 1-2-16 所示。

图 1-2-15　选择好友

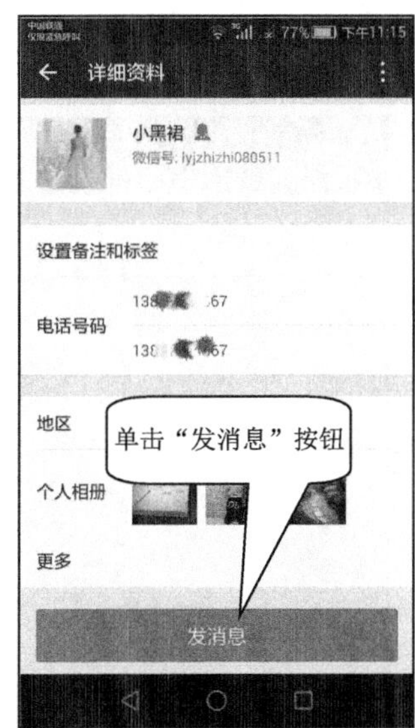

图 1-2-16　发消息

第二步：在指定位置输入对话内容，如图 1-2-17 所示，再单击“发送”按钮即可。

图 1-2-17　输入对话内容

发语音

第一步：在对话界面单击左下角“”图标，如图 1-2-18 所示，界面下部出现“按住说话”按钮，如图 1-2-19 所示。

图 1-2-18　单击

图 1-2-19　按住说话

第二步：按住“按住说话”按钮讲话，如图 1-2-20 所示，语音不停、手不松开，见绿色显示条说明发送成功，如图 1-2-21 所示。一次时长最多 60 秒。

图 1-2-20　正在语音

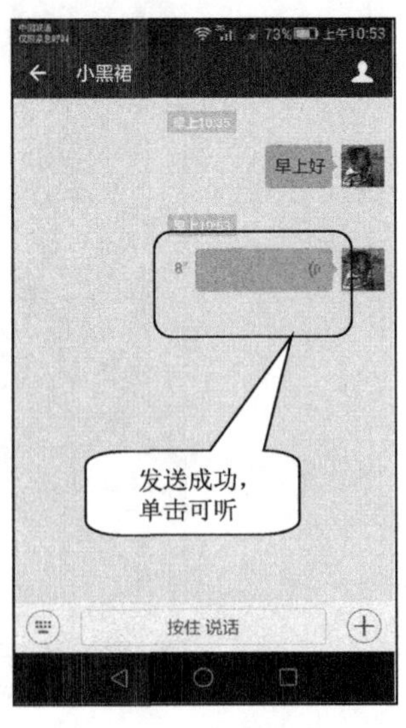

图 1-2-21　发送成功

小贴士：微信语音和打电话的区别在于：微信语音是以语音短信的方式发送的，对方收到并查看才能回复你，当然，前提条件是你们都在使用微信，且都在线。

发照片

第一步：单击好友对话框后，单击“⊕”按钮，如图 1-2-22 所示。

第二步：单击“相册”，如图 1-2-23 所示。

图 1-2-22　单击⊕按钮

图 1-2-23　选择“相册”

第三步：单击所选照片，如图 1-2-24 所示，一次最多可选 9 张照片。并单击“发送”按钮，如图 1-2-25 所示，照片即可发送成功，如图 1-2-26 所示。

图 1-2-24　选择照片

图 1-2-25　单击“发送”按钮

图 1-2-26　发送成功

消息撤回：自己发送的消息，包括文字、语音、图片、文章等，都可以在 2 分钟以内撤回。

第一步：先长按刚发出的消息，如图 1-2-27 所示，弹出菜单，如图 1-2-28 所示。

图 1-2-27　长按发出信息

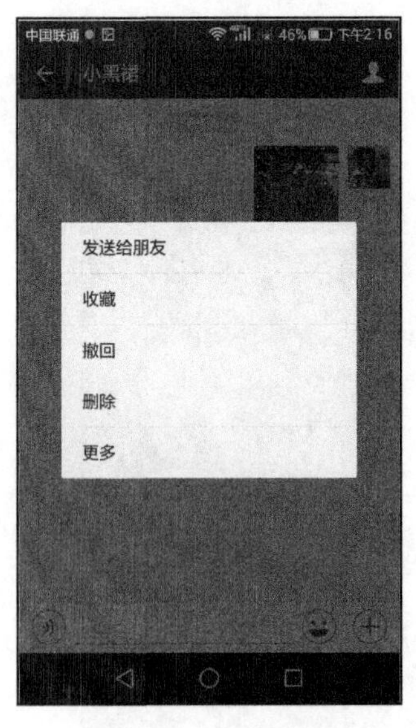

图 1-2-28　弹出菜单

第二步：单击“撤回”按钮，如图 1-2-29 所示，当前界面就会出现“你撤回了一条消息”，如图 1-2-30 所示。

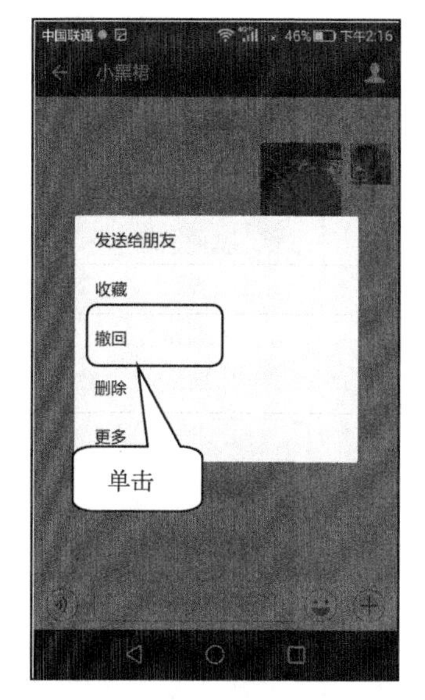

图1-2-29　点击“撤回”按钮

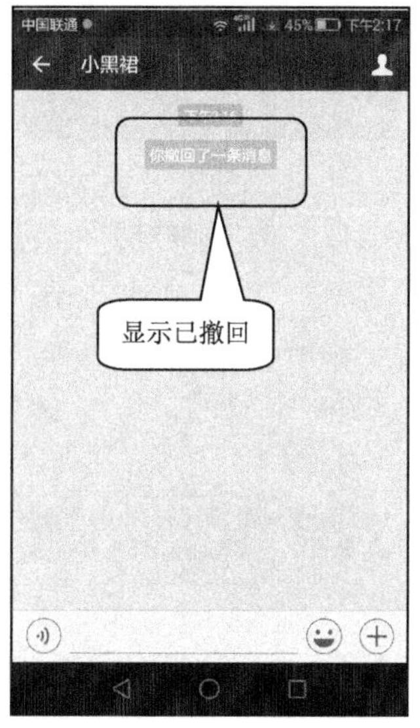

图 1-2-30　已撤回

发红包：

第一步：进入到好友聊天界面，单击“⊕”按钮，在这里选择“红包”，如图 1-2-31 所示，输入金额和祝福的话语，如图 1-2-32 所示。

图 1-2-31　单击“⊕”按钮

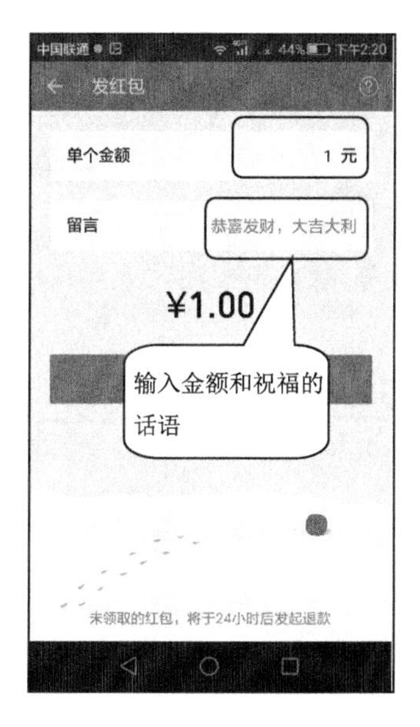

图 1-2-32　输入金额和祝福的话语

第二步：选择支付方式进行支付红包的费用，单击“立即支付”按钮，如图 1-2-33所示，红包发送完成，如图 1-2-34所示。

图 1-2-33　支付红包费用　　图 1-2-34　红包发送完成

活动四：进入微信群

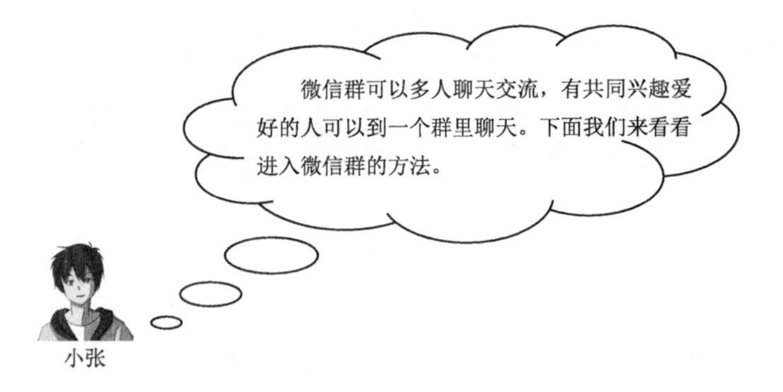

建立微信群方法一：

第一步：先打开手机微信，单击右上角“＋”，单击“发起群聊”，如图 1-2-35所示。

第二步：在通讯录中选中好友，单击“确定”按钮，建微信群完成，如图 1-2-36所示。

建立微信群方法二：

单击“发起群聊”后，选择“面对面建群”，如图 1-2-37 所示，设定一个密码，在附近的人都可以输入这个密码进群，如图 1-2-38 所示。

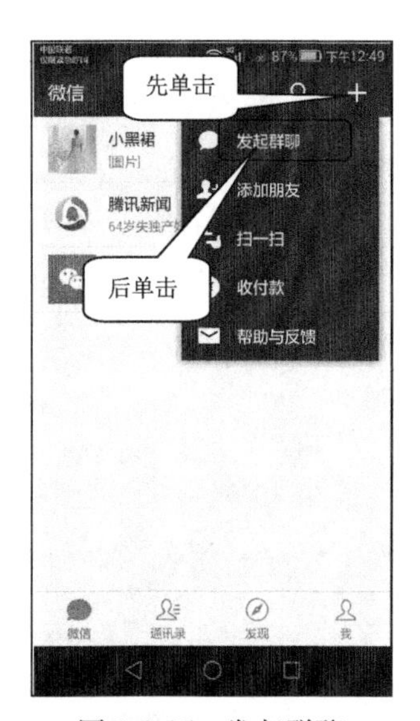

图 1-2-35　发起群聊

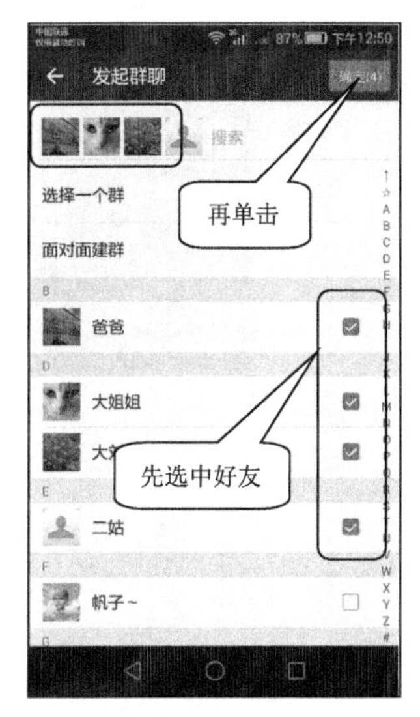

图 1-2-36　单击“确定”按钮

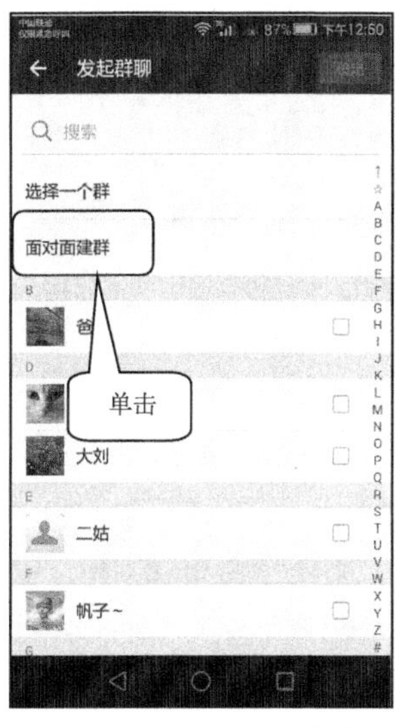

图 1-2-37　面对面建群

图 1-2-38　输入口令

进入微信群：

获得微信群二维码的图片，然后扫一扫即可以进群，单击图 1-2-39 所示的“扫一扫”按钮即可出现如图 1-2-40 所示的界面。

练习题：

这部分的内容大家都学会了吗？下面您可以尝试一下用微信号或者扫二维码的方式添加好友。

图 1-2-39　扫码

图 1-2-40　正在扫码

任务三　微信朋友圈

老李，微信朋友圈里的内容真不少啊，咱们也发点呗！

王大妈

好内容真不少，前两天在朋友圈看到教太极拳的视频，长知识啊！

李大爷

是呀，微信朋友圈不但可以看好友发布的内容，我们也可以动手发布内容参与其中啊！

小张

微信朋友圈指的是微信上的一个社交功能，我们可以通过朋友圈发表文字和图片，可以将文章或者音乐分享到朋友圈，也可以看到好友们发布在朋友圈的信息并进行“评论”或“点赞”。

活动一：发布微信朋友圈

发图文并茂信息：

第一步：在微信界面首页，单击“发现”，然后单击“朋友圈”，如图 1-3-1 所示，进入“朋友圈”界面，如图 1-3-2 所示。

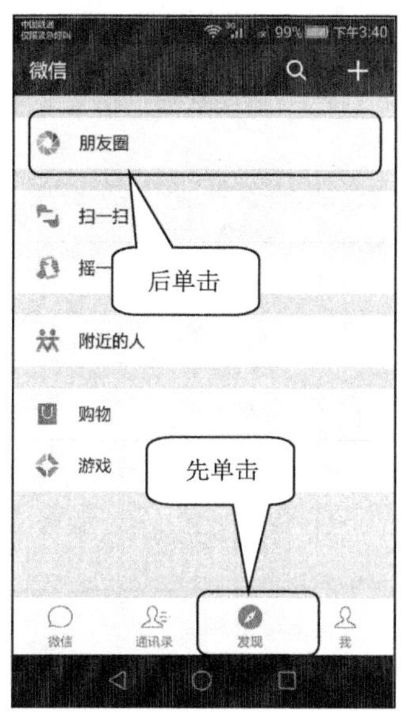

图 1-3-1　单击“朋友圈”　　图1-3-2　进入“朋友圈”界面

第二步：单击“相机”图标，如图 1-3-3 所示，单击“从相册选择”，如图 1-3-4所示。

第三步：在手机相册中选择照片（每次最多可发 9 张），单击“完成”按钮，图片上传，如图 1-3-5 所示。

第四步：输入想要表达的文字，单击“发表”按钮，含有图文的信息便发送到了“朋友圈”，如图 1-3-6所示。

图 1-3-3　单击“相机”

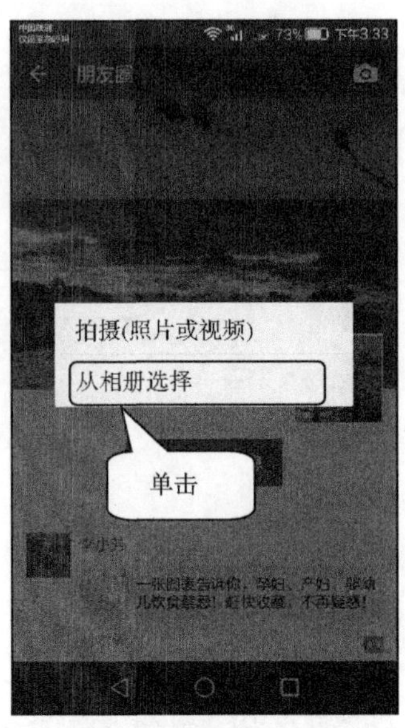

图 1-3-4　单击“相册”

图 1-3-5　选择照片

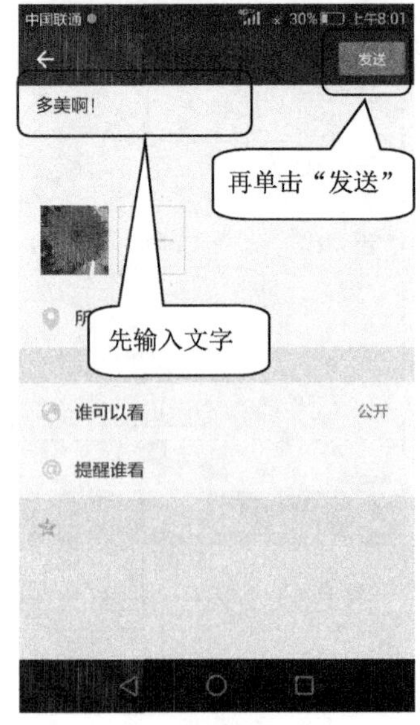

图 1-3-6　输入文字

第五步：发布完成，如图 1-3-7 所示。

图 1-3-7　发布完成

发布文字：

第一步：按住“朋友圈”界面右上角的“相机”图标，进入编辑界面，如图 1-3-8 所示。

第二步：在编辑界面的上端文字输入区域输入文字，单击“发表”按钮，即可将文字发送到“朋友圈”，如图 1-3-9 所示。

第三步：发布完成，如图 1-3-10 所示。

图 1-3-8　长按照相机

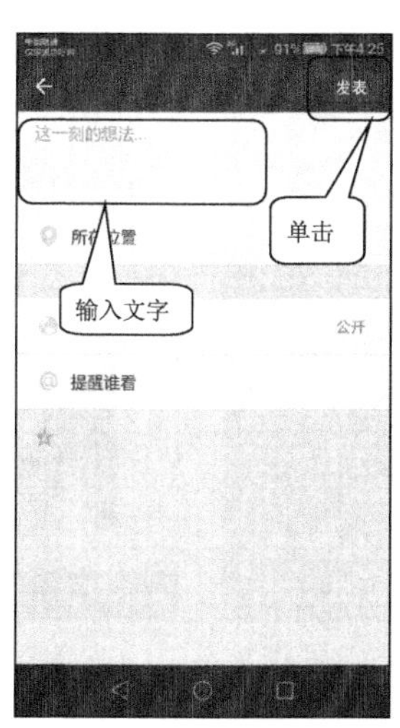

图 1-3-9　输入文字

图 1-3-10　发布完成

发小视频：

第一步：进入微信“朋友圈”界面，轻点“相机”图标后，单击“拍摄（照片或视频）”，如图 1-3-11 所示。

第二步：按住圆形按钮进行视频拍摄，直到拍摄完成，小视频当前支持最长 15 秒钟录制，时间到自动完成，如图 1-3-12 所示。

图 1-3-11　单击“拍摄（照片或视频）”

图 1-3-12　录制小视频

第三步：输入文字，单击“发表”按钮，如图 1-3-13 所示，含有小视频配文字的信息就发送到“朋友圈”了，如图 1-3-14 所示。

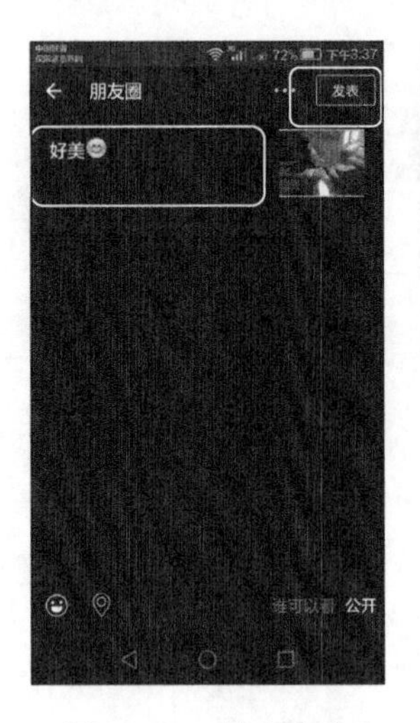

图 1-3-13　输入文字

图 1-3-14　发布完成

转发链接：以分享在朋友圈看到的链接为例。

第一步：在朋友圈找到想转发的内容，单击打开，如图 1-3-15 所示。

第二步：等链接界面全部打开后，单击右上角的三个横排的小圆点，如图 1-3-16所示。

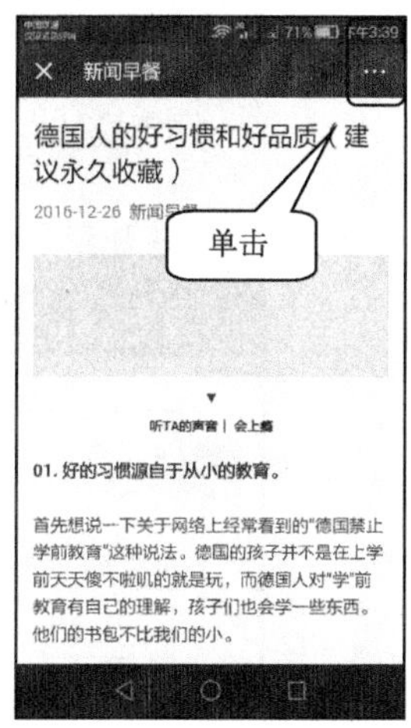

图 1-3-15　单击链接　　图 1-3-16　单击转发按钮

第三步：手机界面下半部分出现可选项，如果想把该链接转发到自己的朋友圈，就选第二项"分享到朋友圈"，如图 1-3-17 所示。

第四步：输入文字，单击"发表"，如图 1-3-18 所示。

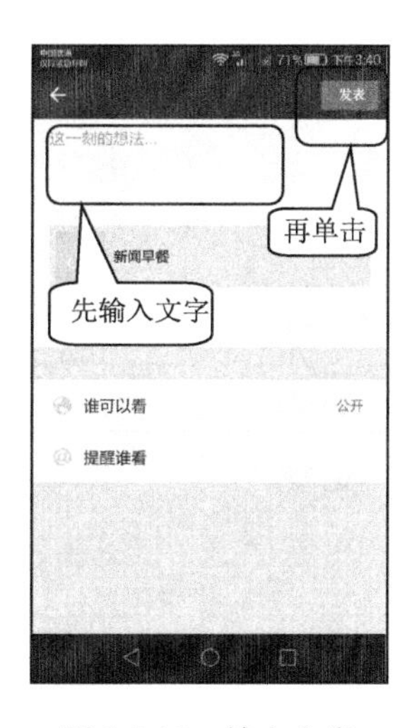

图 1-3-17　选择"分享到朋友圈"　　图 1-3-18　输入文字

第五步：转发的链接就发送在“朋友圈”了，如图 1-3-19 所示。

图 1-3-19　转发完成

活动二：发表评论与点赞

发表评论：

第一步：单击好友在朋友圈发布的信息右下角的图标（两个横排的小圆点），出现“赞”和“评论”两个选项，如图 1-3-20 所示。

第二步：单击“评论”按钮，进入评论界面，输入内容后单击“发送”按钮，如图 1-3-21所示。

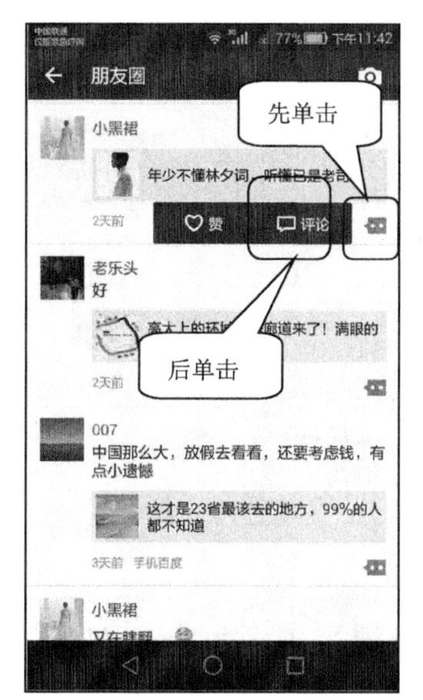

图 1-3-20　单击“评论”按钮

图 1-3-21　输入文字

第三步：评论发布完成。自己在朋友圈发表的评论可以随时删除。单击评论内容，如图 1-3-22 所示，出现两个选项条，即“复制”和“删除”，单击“删除”即可，如图 1-3-23 所示。

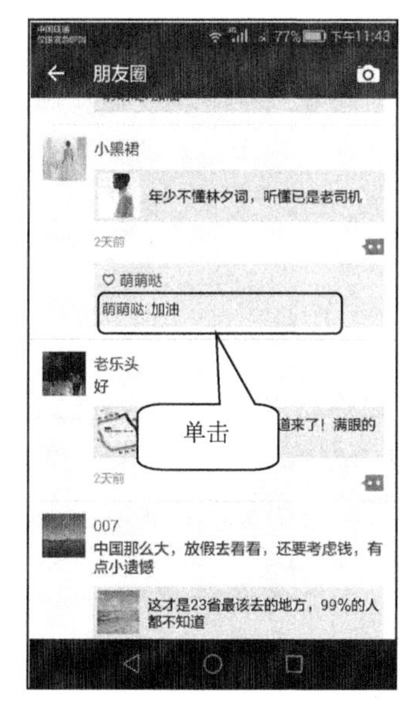

图 1-3-22　找到评论内容

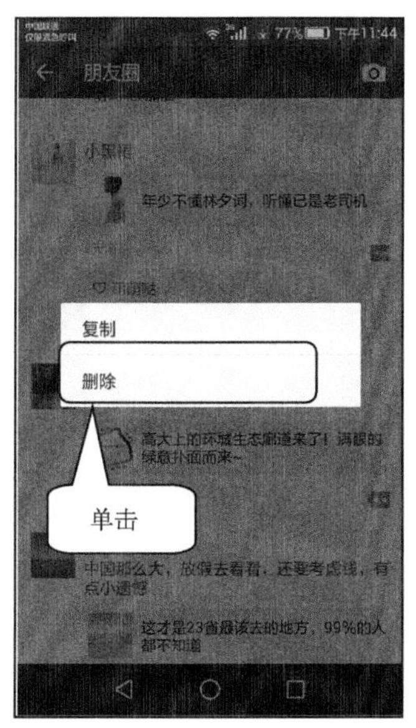

图 1-3-23　单击“删除”

点赞：每条消息只能进行一次点赞操作，如图 1-3-24 所示，点赞后再单击一次可以取消，如图 1-3-25 所示。

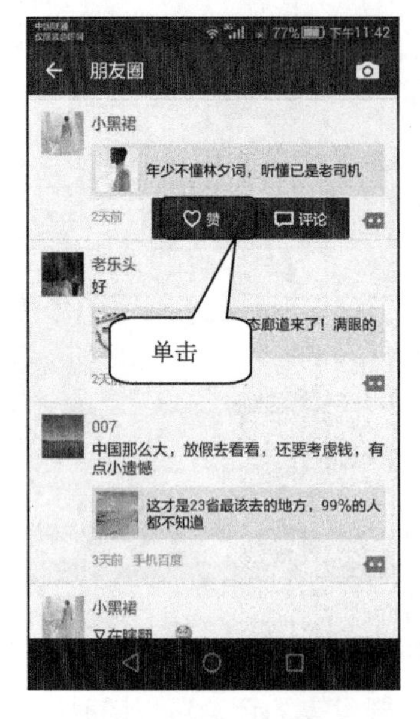

图 1-3-24　点赞

图 1-3-25　取消点赞

练习题：

以上内容大家都学会了吗？下面我们可以尝试一下把我们在朋友圈看到的有意义的链接，发送给朋友或者自己收藏起来。

单元小结

本单元我们学习了智能手机的 Wi-Fi 和移动网络设置、微信的下载、注册、添加好友、发送消息、进入微信群；在微信朋友圈里发图文并茂信息、发布文字、发小视频、转发链接、发表评论与点赞。大家都学会了吗？智能手机软件更新很快，以后会出现更多的新功能和新软件，希望大家根据所学的方法主动探究，主动学习，大胆实践，提高生活品质，丰富精神文化生活。

学习单元二 手机支付与购物

学习目标

知识目标

知道常用的手机支付和手机购物常识，熟悉常用的手机支付和手机购物操作方法。

能力目标

能根据不同的实际需求选择相关手机购物商城和支付方式，能利用手机完成网上购物及网上支付。

情感目标

转变观念，感受方便快捷、轻轻松松的手机购物新体验。

学习重难点

学习重点

手机支付和手机购物软件的功能；相关软件的基本使用方法。

学习难点

熟练使用一种或两种手机支付和购物软件的功能；掌握操作技巧。

任务一　手机支付

手机买东西方便了，可是这钱是怎么付给人家的啊？

王大妈

我听说手机上有专门的软件，利用这些软件的功能就可以付款了。

李大爷

李大爷说的对，下面我教大家如何利用这些手机软件付款。

小张

随着手机购物的兴起，手机支付也成为不可或缺的支付手段，随时随地可以非常方便地利用网络进行付款，既不需要面对商家，也不用去银行汇钱，非常便捷。目前带有支付功能的手机软件有很多，比较典型的是支付宝，主要功能就是支付费用；也有像微信、qq 这种以通信为主、支付为辅的软件。虽然每一款软件都有自己的特色，但操作方法基本相同。您可以相互比较，选择一款自己觉得最好用的手机支付软件进行使用。

活动一：微信付款

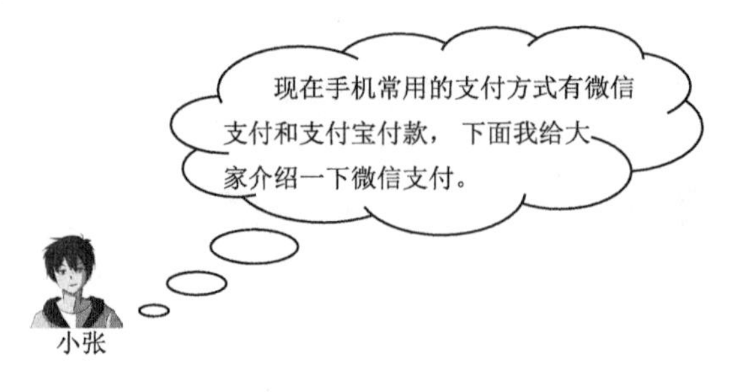

添加银行卡：

第一步：单击图标进入微信，如图 2-1-1 所示。

第二步：在微信界面单击右下角的“我”，进入“我”的界面，单击“钱包”，如图 2-1-2 所示。

图 2-1-1　单击“微信”图标　　图 2-1-2　进入微信钱包

第三步：在“我的钱包”界面单击“银行卡”，如图 2-1-3 所示，进入“银行卡”界面，单击“添加银行卡”，如图 2-1-4 所示。

图 2-1-3　单击银行卡

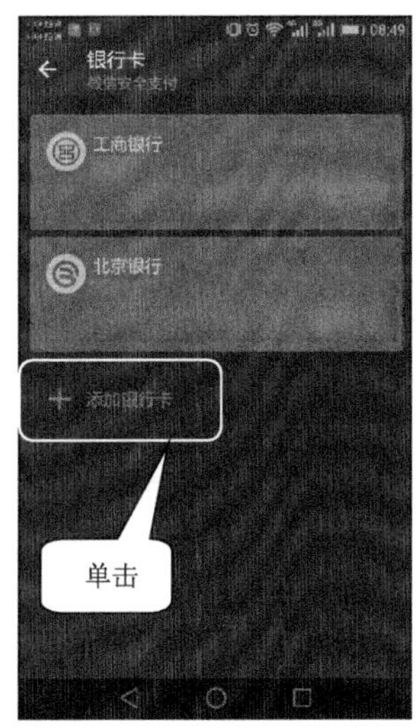

图 2-1-4　添加银行卡

第四步：添加银行卡信息，输入持卡人姓名与卡号，注意一定是本人银行卡，持卡人与卡号要对应，输入完毕后单击“下一步”，如图 2-1-5 所示。

第五步：微信会自动识别银行卡所属银行，输入手机号，勾选“同意《用户协议》”，单击“下一步”按钮，如图 2-1-6 所示。

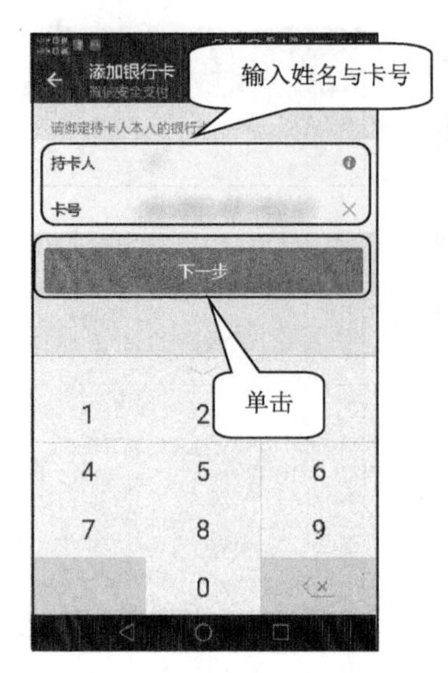

图 2-1-5　添加银行卡信息

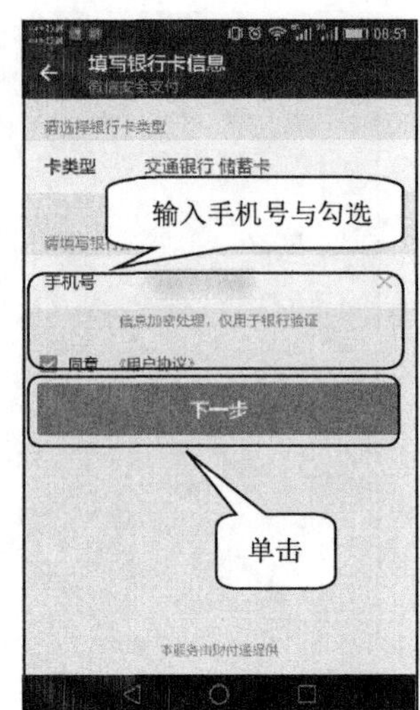

图 2-1-6　输入手机号

第六步：手机会收到验证短信，输入验证码后单击“下一步”按钮，如图 2-1-7所示。

第七步：返回“银行卡”界面，刚刚填写信息所添加的交通银行卡已经添加成功，如图 2-1-8 所示，我们就可以使用微信支付了。

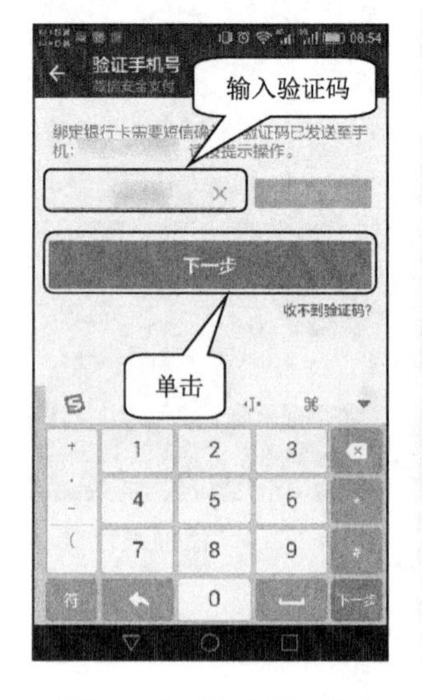

图 2-1-7　输入验证码

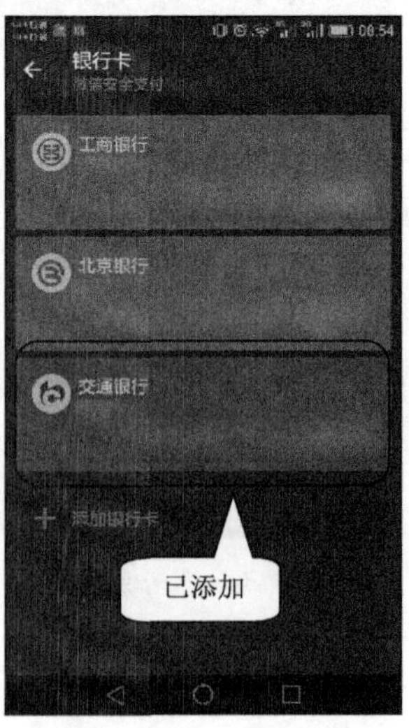

图 2-1-8　添加成功

微信收付款支付：

第一步：单击微信“钱包”，进入“我的钱包”界面，单击“收付款”，如图 2-1-9 所示。

第二步：出现支付二维码，商家扫码后，支付完成，如图 2-1-10 所示。

图 2-1-9　单击收付款

图 2-1-10　出现支付二维码

扫码支付：

第一步：打开微信，单击微信界面右上角的“+”，在弹出的选项组中单击，选择“扫一扫”，如图 2-1-11 所示。

第二步：进入“二维码/条码”界面，将扫描框对准商家二维码便可自动扫描，如图 2-1-12 所示。之后进入付款界面。

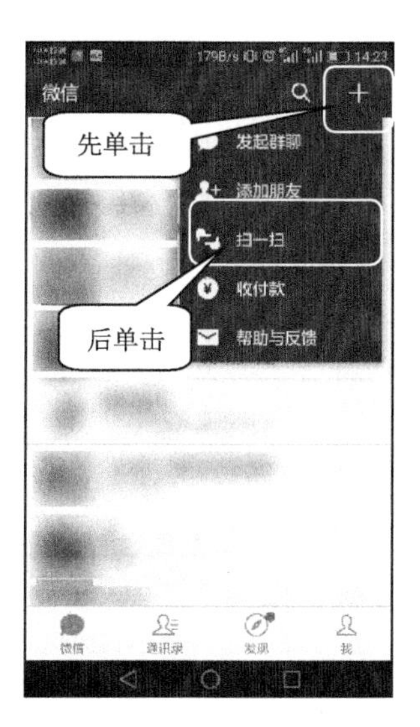

图 2-1-11　单击“扫一扫”

微信群支付：老年朋友出去游玩或聚餐，需要 AA 制付款时，可以使用微信群支付的方式付款。

第一步：单击“钱包”打开微信钱包，如图 2-1-13所示。

第二步：单击“收付款”，如图 2-1-14 所示。进入“收付款”界面，单击“群收款”，即可发起群收款，收到的钱将存入发起人的微信零钱包，用于付款，如图 2-1-15所示。群内任何人都可以作为发起人收款。

微信还有其他的支付途径，例如：转账、红包等方式。我们介绍的是使用微信支付的最常用的功能。

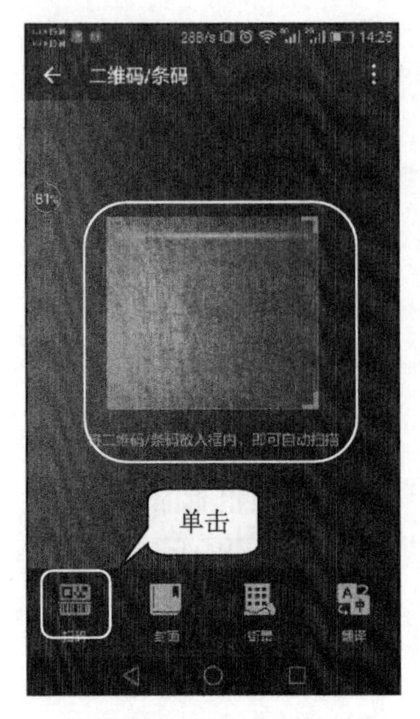

图 2-1-12　扫码

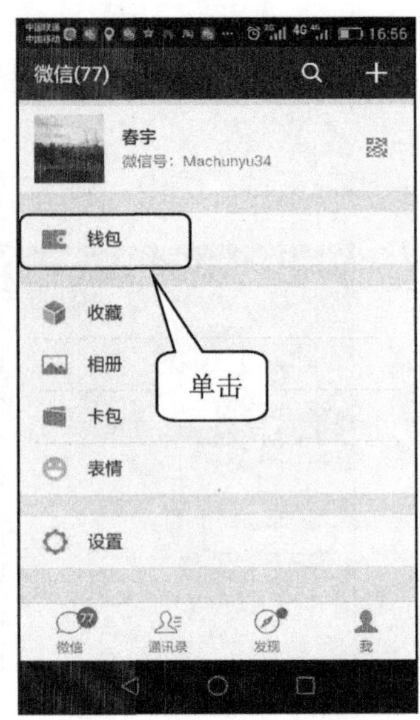

图 2-1-13　单击“钱包”

图 2-1-14　单击“收付款”

图 2-1-15　单击“群收款”

练习题：

大家尝试去超市买东西时用微信付款。

活动二：支付宝付款

注册支付宝：

第一步：在手机屏幕上找到手机购物软件“支付宝”，单击进入，如图 2-1-16所示。

第二步：进入“支付宝”软件后单击屏幕下方“没有账号？请注册”按钮，如图 2-1-17 所示。

图 2-1-16　单击

小贴士：如果没有此软件，可让年轻人或子女帮忙下载。

第三步：以手机注册为例，输入手机号码，手机会收到短信验证码，将验证码输入“校验码”处后单击“提交”按钮，如图 2-1-18 所示。

绑定银行卡：

第一步：注册完成之后，在手机屏幕上再次找到手机购物软件“支付宝”单击进入，单击“我的”，如图 2-1-19 所示。

第二步：单击“我的银行卡”，如图 2-1-20 所示。

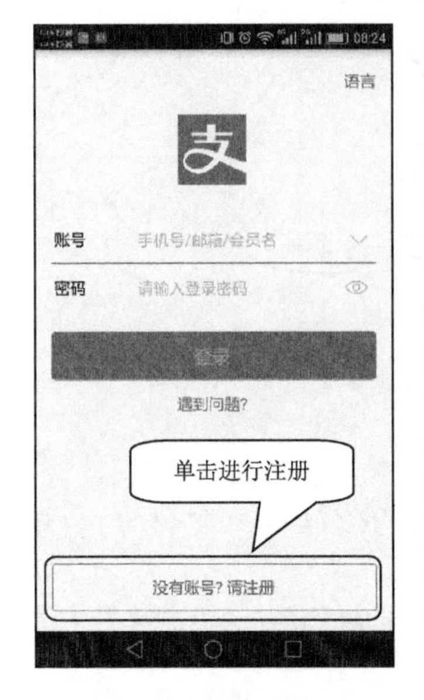

图 2-1-17　进行注册

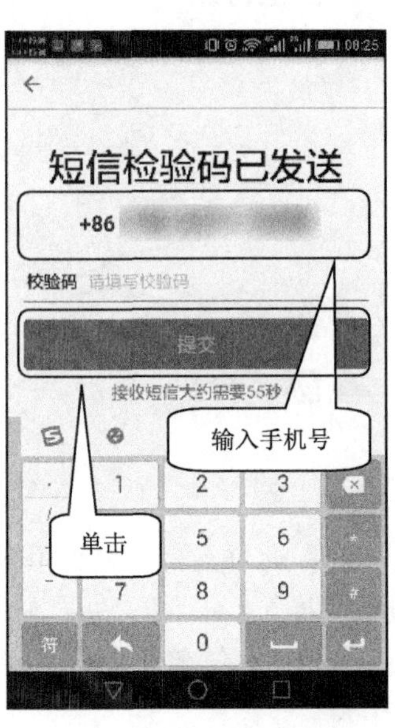

图 2-1-18　输入信息

图 2-1-19　个人信息

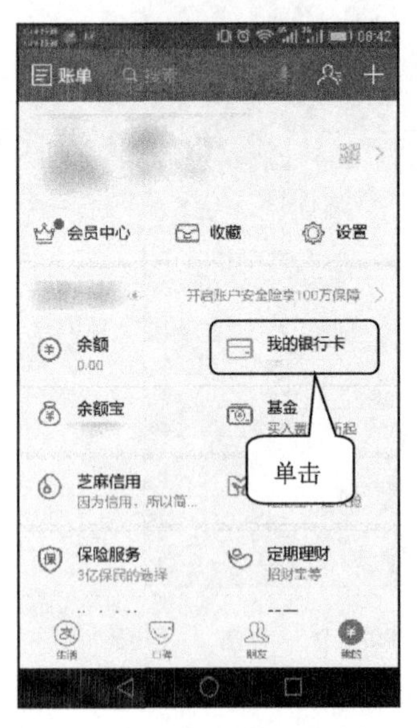

图 2-1-20　添加银行卡

第三步：进入“我的银行卡”界面后，单击“ + ”，如图 2-1-21 所示，进入“添加银行卡”界面，输入持卡人姓名和卡号，注意一定是本人银行卡，持卡人与卡号要对应，单击“下一步”按钮，如图 2-1-22 所示。

图 2-1-21　点击加号“＋”

图 2-1-22　添加银行卡

第四步：支付宝会自动识别卡号并对应所属银行，需要输入手机号，单击“下一步”按钮，如图 2-1-23 所示。输入手机号后，会收到验证码，将验证码填写到“校验码”处，单击“下一步”按钮，如图 2-1-24 所示。

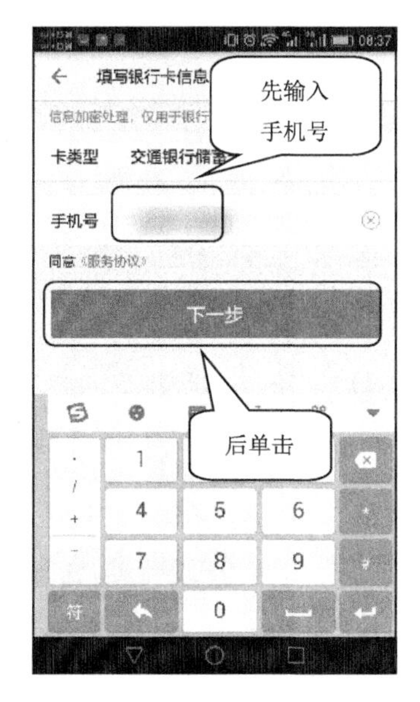

图 2-1-23　输入手机号

图 2-1-24　填写校验码

第五步：单击右上角“完成”按钮，如图 2-1-25 所示，返回“我的银行卡”界面，刚刚我们申请的交通银行卡已经添加成功，如图 2-1-26 所示。

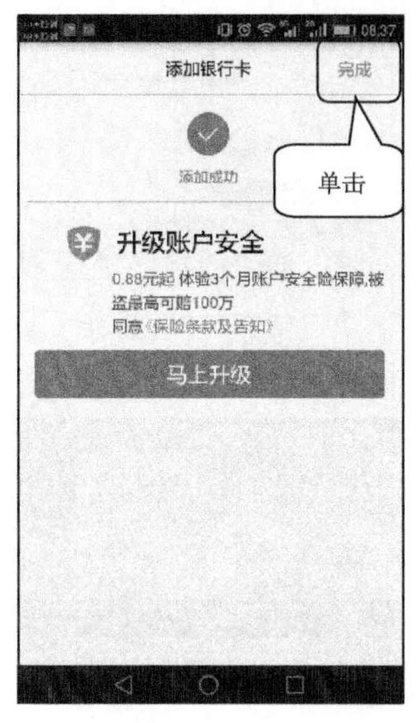

图 2-1-25　单击完成

图 2-1-26　添加成功

支付宝付款：添加银行卡成功之后我们就可以使用支付宝进行支付了，如图 2-1-27 所示。

支付宝还有其他的支付途径，例如支付宝转账、银行卡转账、扫码付款等，我们介绍的是使用支付宝的最常用的部分。其实，支付宝支付与微信支付功能及操作方法大同小异，但需要注意的是，由于合作平台不同，有些网络付款只支持微信或者只支持支付宝，所以购买前可先了解商品可选的付款途径，再选择付款软件。

小贴士：由于手机付款软件必须在联网的情况下才能使用，因此当您开启手机移动网络使用手机付款软件时，会产生流量费用，建议您合理订购流量套餐，以免支付额外手机网络流量费用。

图 2-1-27　单击“付钱”

同时，为保证网络环境安全，请尽量不使用未知来源的无线网络进行购物，以防泄露个人身份信息，出现付款密码被盗取等问题。

练习题：

请大家尝试去超市买东西时用支付宝付款。

任务二　手机订餐

不会做饭？没时间去餐厅？手机订餐满足您的需要。目前手机订餐软件种类有很多，比较普遍使用的订餐软件有美团外卖、大众点评等，每款手机订餐软件都各有所长。美团外卖价格实惠，可以享受很多团购价格；大众点评则可以通过评论了解不同配餐的质量口碑。虽然每一款软件都有自己的特色，但操作方法基本相同。您可以相互比较，选择一款自己觉得最好用的手机订餐软件进行使用。

活动：使用“大众点评”软件订餐

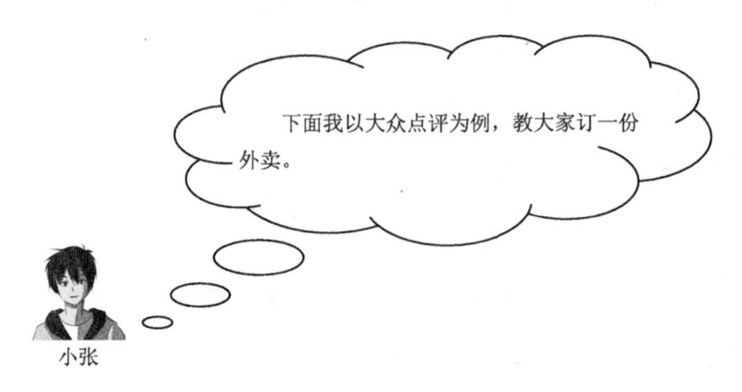

第一步：在手机屏幕上找到“大众点评”软件图标，单击进入，如图 2-2-1 所示。

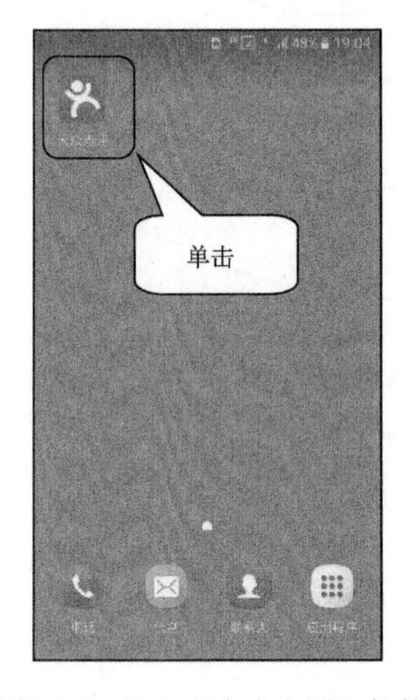

图2-2-1　进入“大众点评”软件

小贴士：软件下载可以让子女等青年人帮忙。

第二步：进入大众点评软件后，单击屏幕右下方的“我的”图标按钮，如图 2-2-2 所示，单击“点击登录”进行注册，如图 2-2-3 所示。

第三步：输入手机号码，单击“获取验证码”按钮，输入手机短信收到的验证码，然后单击“登录”按钮，如图 2-2-4所示。

第四步：返回首页单击“外卖”图标按钮，进入外卖点餐界面，单击界面上方地址识别选项按钮，设置收货地址，如图 2-2-5 所示。

图 2-2-2　单击“我的”

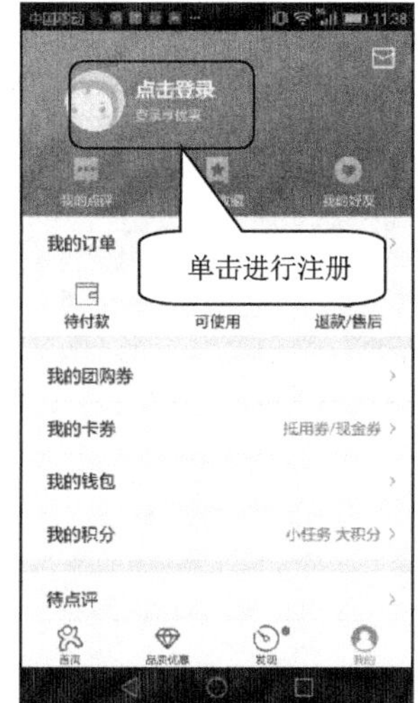

图 2-2-3　进行注册

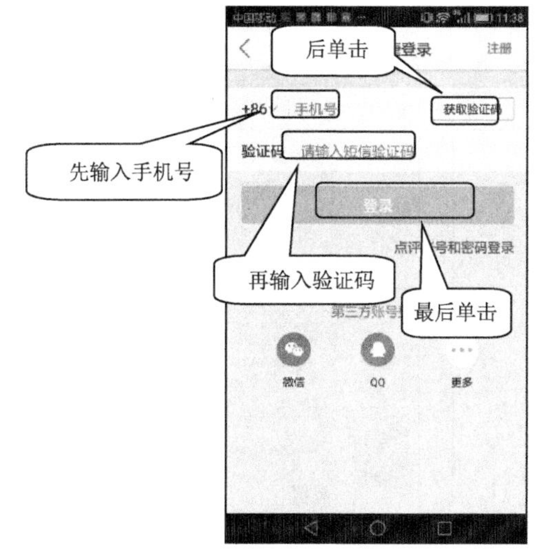

图 2-2-4　注册过程

图 2-2-5　设置收货地址

第五步：单击右上角“新增地址”，如图 2-2-6 所示。单击进入填写相关的资料信息，如图 2-2-7 所示。

第六步：返回点餐界面查看美食分类，如图 2-2-8 所示。根据自身喜好进行选择，如图 2-2-9 所示。通常备选商家下有星星，代表顾客评分，好评越多星级越高，同时受欢迎的商家销售量会比较高。

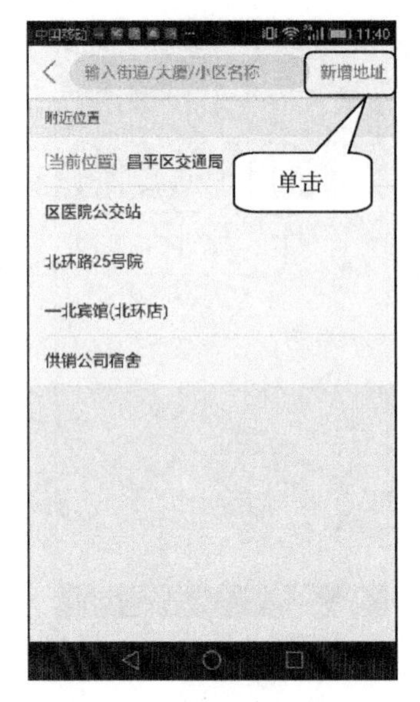

图 2-2-6　设置新增地址

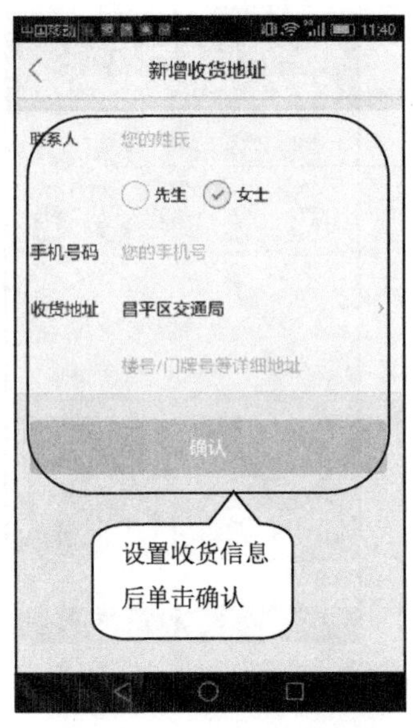

图 2-2-7　填写相关信息

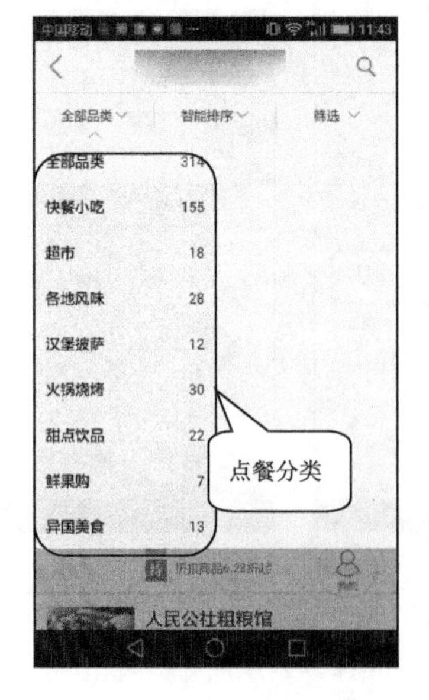

图 2-2-8　查看美食分类

图 2-2-9　对比选择餐馆

第七步：举例进入“人民公社粗粮馆”店铺，单击想要点的菜品后的加号“+”进行选择，选好后单击右下角“选好了”按钮，如图 2-2-10 所示，这时会再次确认点餐信息，请再次单击“立即下单”按钮，如图 2-2-11 所示。

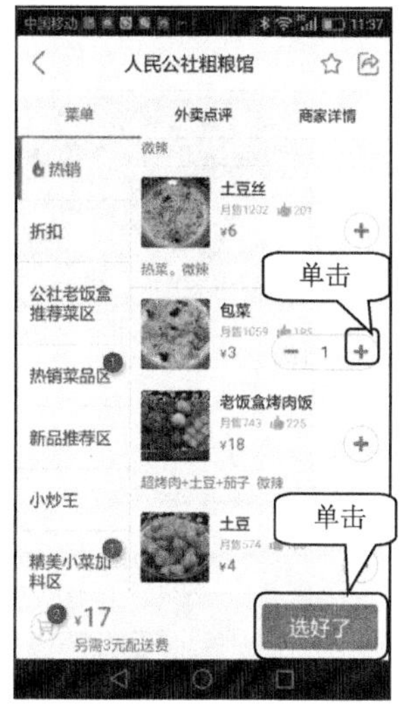

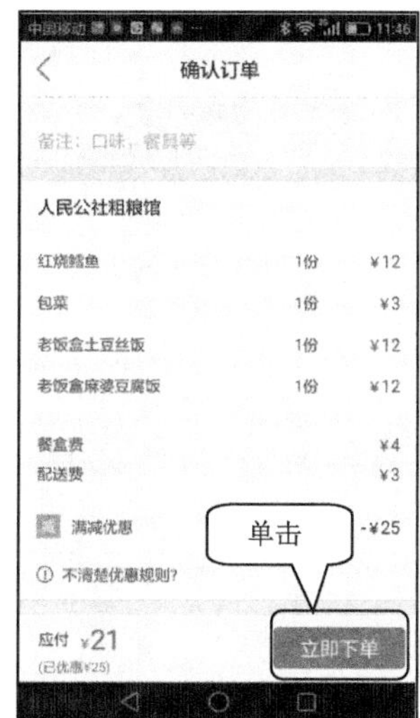

图 2-2-10　点餐　　　　图 2-2-11　确认订单

第八步：再次单击“立即下单”按钮，如图 2-2-12 所示，页面跳转到“支付订单”界面，选择支付方式（下面以微信为例），单击“确认支付”按钮，如图 2-2-13所示。

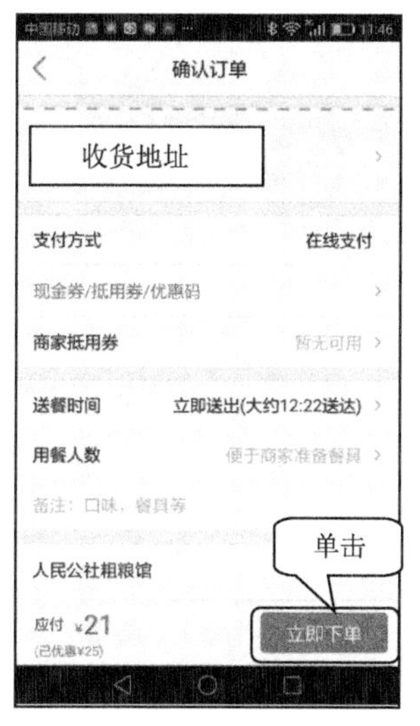

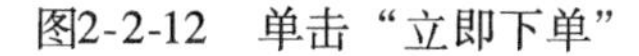
图2-2-12　单击“立即下单”　　　　图 2-2-13　选择支付方式

第九步：单击“确认交易”界面上的“立即支付”按钮，如图 2-2-14 所示。进入显示的付款途径界面，可以选择微信零钱或者微信所绑定的银行卡支付，如图 2-2-15 所示。

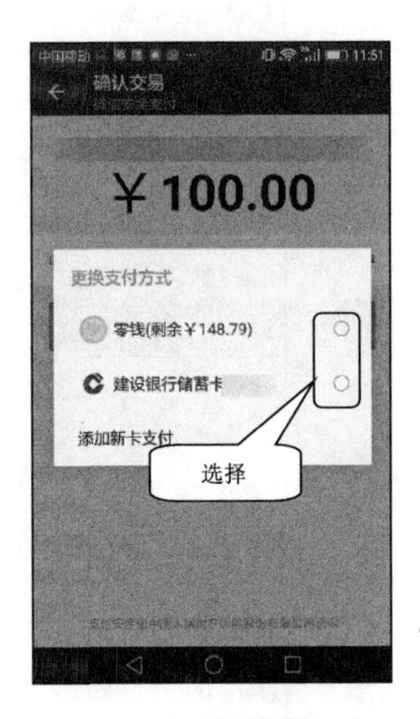

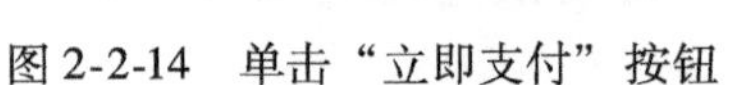

图 2-2-14　单击“立即支付”按钮　　　　图 2-2-15　选择支付方式

第十步：输入支付密码，如图 2-2-16 所示。付款成功后微信将发回反馈，包括交易单号、付款时间等信息，如图 2-2-17 所示。

图 2-2-16　输入支付密码　　　　图 2-2-17　完成支付

第十一步：付款成功返回大众点评单击“我的”按钮可查看订单详情，如图 2-2-18 所示，这时就可以安心在家等待外卖人员送饭了。如果等得不耐烦可以单击“催单”按钮，但是需要过一定的时间才能单击，不可频繁操作。

第十二步：收到送餐不要忘记单击“确认收货”按钮，这样才能保证餐费真正付给商家，如图 2-2-19 所示。

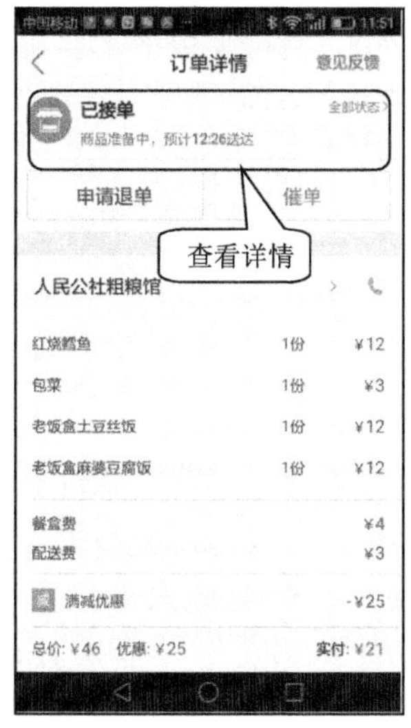

图 2-2-18　查看订单详情

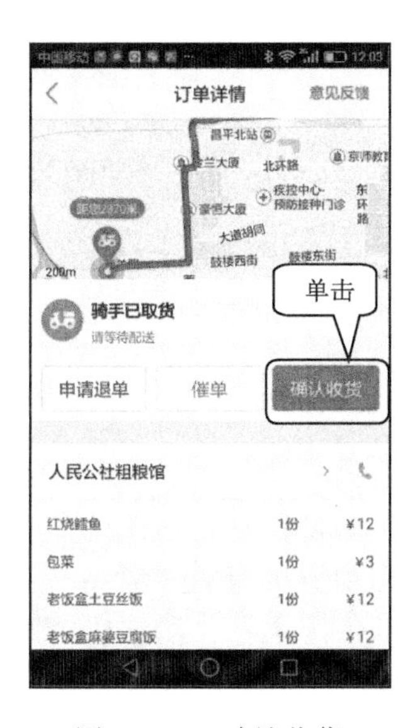

图 2-2-19　确认收货

练习题：

请大家尝试去订一份晚餐吧。

任务三　手机商城

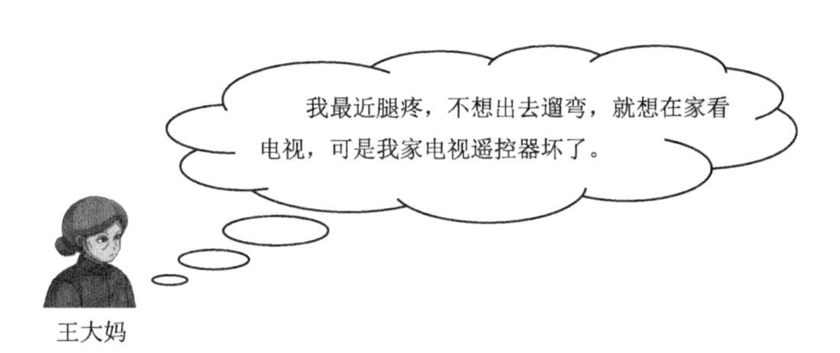

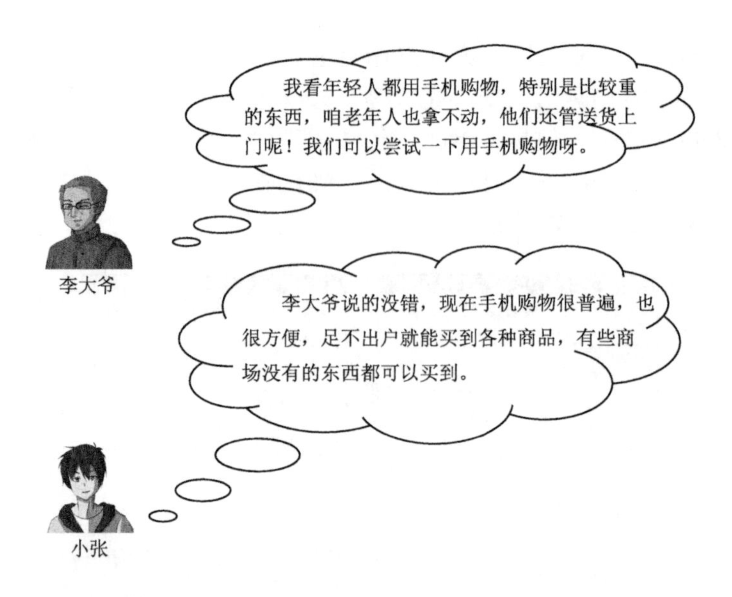

现在手机购物软件非常多，比较普遍使用的手机购物软件有京东、天猫、淘宝等，每款手机购物软件都各有所长。天猫、淘宝的商品最为齐全，且价格相对较低，容易淘到物美价廉的好商品。天猫是由企业法人申办，需要一定的保证金，具有较高的信用水平；淘宝店铺则为个人开办，尽管有比较严格的监管制度，但在商品品质、服务水平方面与天猫略有差别。京东则是品牌权威，商品质量、服务态度、物流速度以及售后处理都很出色。各平台都有自己的特色，但操作方法大同小异。

活动：淘宝购物

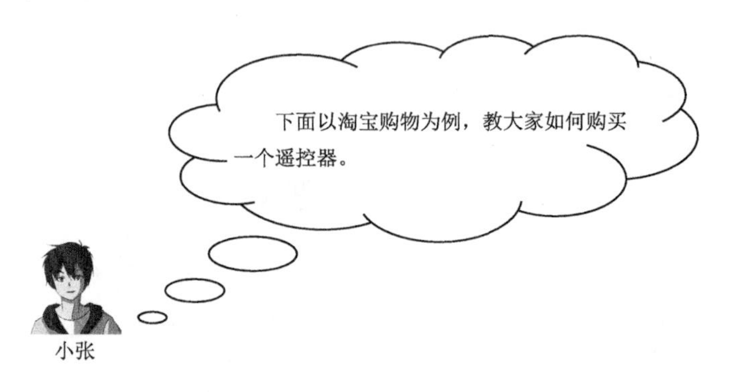

第一步：在手机屏幕上找到“手机淘宝”软件图标，单击进入，如图 2-3-1 所示。

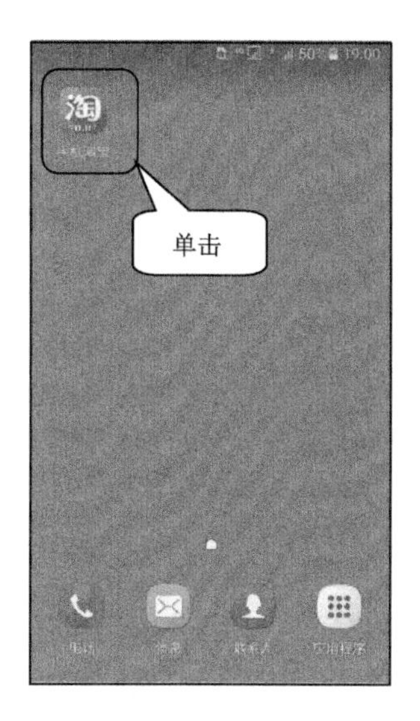

图 2-3-1　单击进入“手机淘宝”软件

小贴士：如果没有此软件，可以让年轻人或子女帮忙下载。

第二步：进入手机淘宝首页后，单击屏幕右下方的“我的淘宝”图标按钮，如图 2-3-2 所示，就进入了注册界面，按要求填写信息注册，如图 2-3-3 所示。

图2-3-2　单击“我的淘宝”

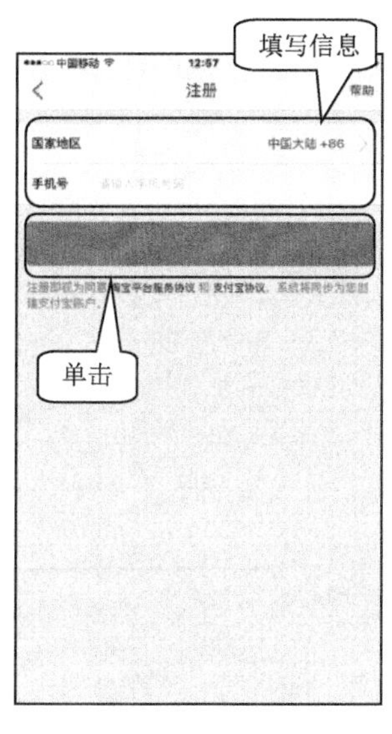

图 2-3-3　进行注册

第三步：注册后回到淘宝首页，单击“我的淘宝”，再单击自己的头像，如图 2-3-4所示，进入个人资料界面，单击“我的收货地址”，如图 2-3-5 所示。

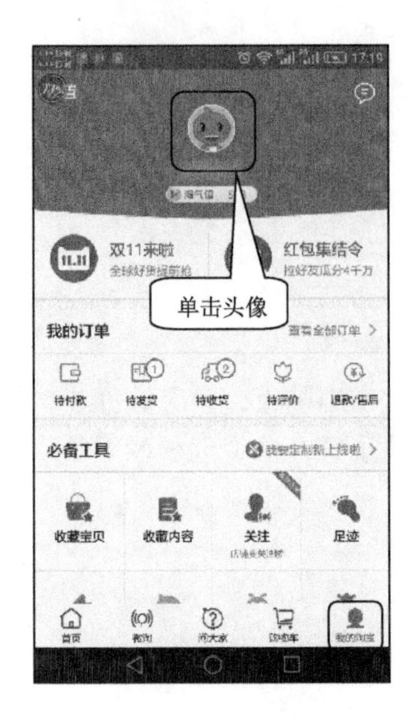

图 2-3-4　单击头像

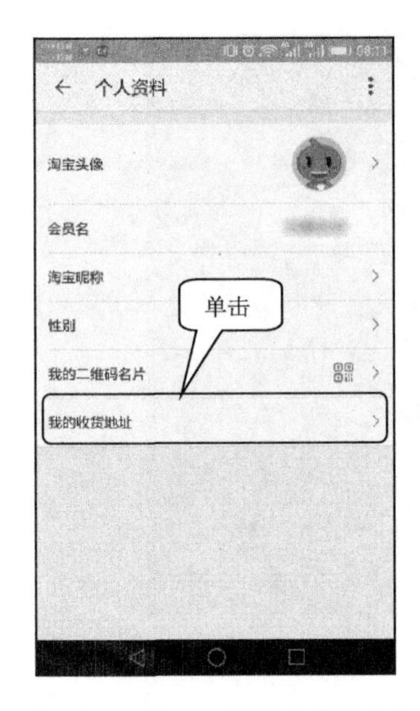

图 2-3-5　单击“我的收货地址”

第四步：单击“添加新地址”，如图 2-3-6 所示。新地址添加完成后，返回淘宝首页。

第五步：在淘宝首页搜索栏，输入需要的商品，对比同类产品的性能，选择一款或多款心仪的宝贝，如图 2-3-7 所示。

图 2-3-6　单击“添加新地址”

图 2-3-7　输入需要的商品

第六步：单击想要的商品，单击“宝贝评价”，如图 2-3-8 所示。查看商品评价内容，如图 2-3-9 所示。

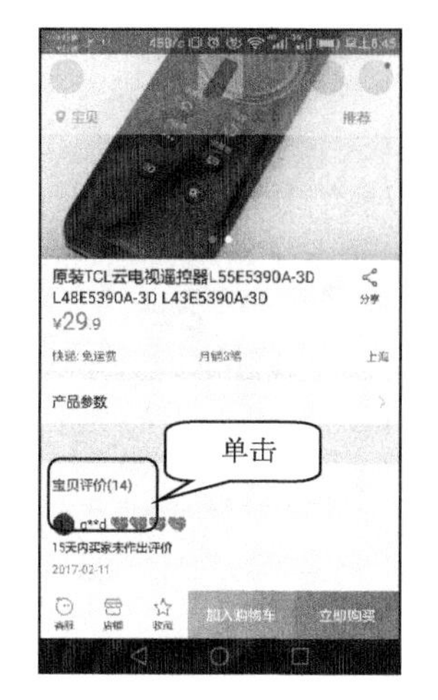

图 2-3-8　单击评价

图 2-3-9　查看评价内容

第七步：单击想要的商品查看详细信息，确定好就可以单击“立即购买”，如图 2-3-10所示。再次确认订单信息，无误之后单击“提交订单”，如图 2-3-11 所示。

图 2-3-10　单击“立即购买”

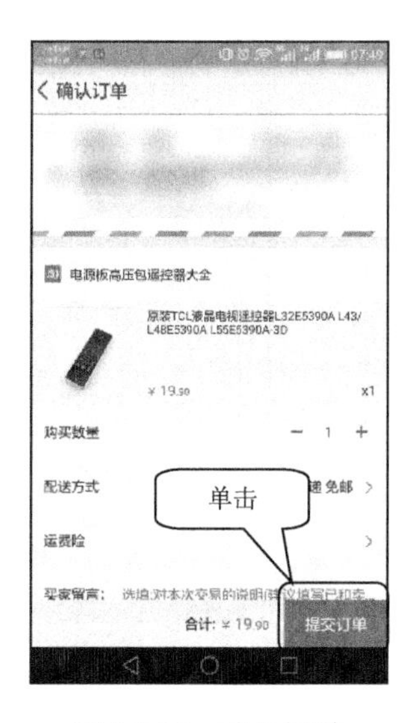

图 2-3-11　确认订单

第八步：付款之后回到“我的淘宝”界面，所购商品会显示已发货，说明商家已经接受订单，我们不需要多余的操作，发货后所购商品会自动进入“待收货”列表，如图 2-3-12 所示。单击“待收货”可以进入列表查看商品信息，也可进一步查看物流信息，如图 2-3-13 所示。

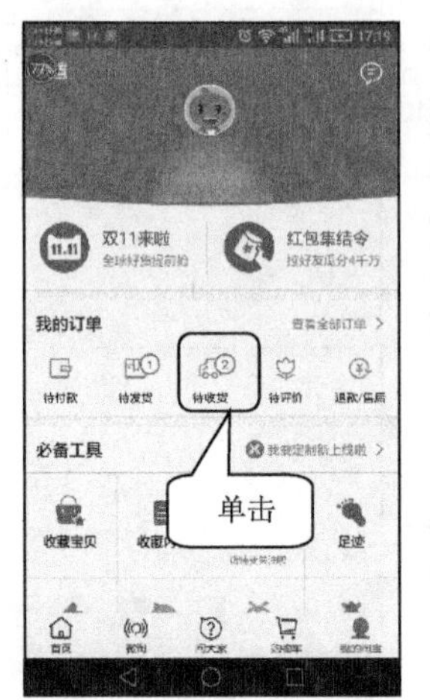

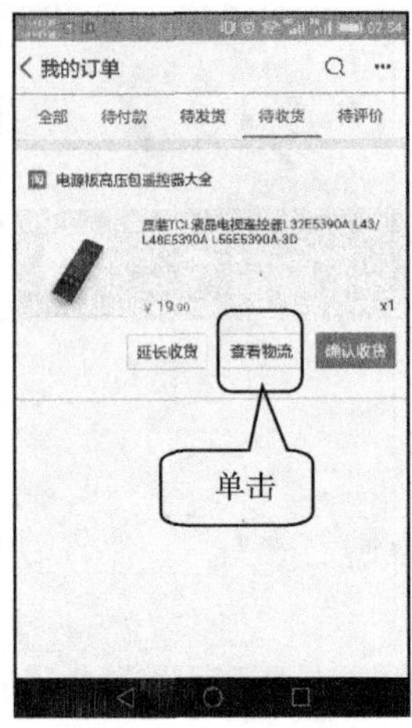

图 2-3-12　查看商品信息　　图 2-3-13　查看物流

第九步：物流信息，会显示您所购商品所到达的位置，方便您准确知道收货时间，如图 2-3-14 所示。收到商品后单击“确认收货”，此时淘宝平台会将货款打给卖家如图 2-3-15 所示。

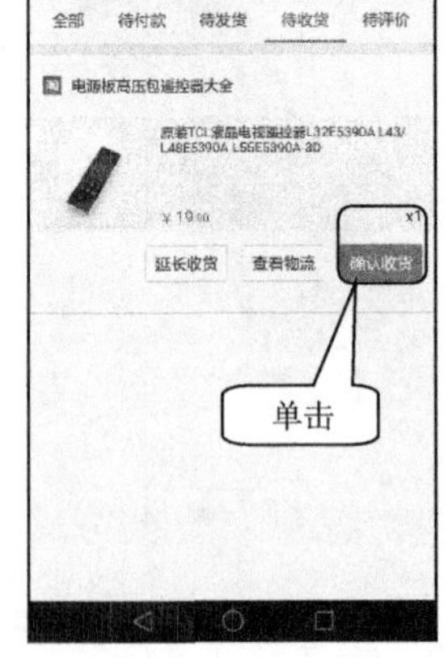

图 2-3-14　物流信息　　图 2-3-15　确认收货

第十步：确认收货之后返回我的淘宝界面，单击“待评价”，如图 2-3-16 所示。进入“发表评价”界面，输入评价内容，单击选择下方星级评论，五星是最好（商品没有质量问题基本都会五星评价），如图 2-3-17 所示。

图 2-3-16　单击进行评价　　图 2-3-17　评价及打分

第十一步：完成评价页面，如图 2-3-18 所示。

第十二步：买来的商品不满意、不符合自己的要求、卖家长时间不发货等在 7 天内都可以申请换货或退货（款），退款状态可以单击“退款/售后”，查看退款状态，如图 2-3-19 所示。当然，如果质量有问题，也可以直接进店联系客服，最好收货的时候验好货物再单击“确认收货”，省去一些不必要的烦琐流程。

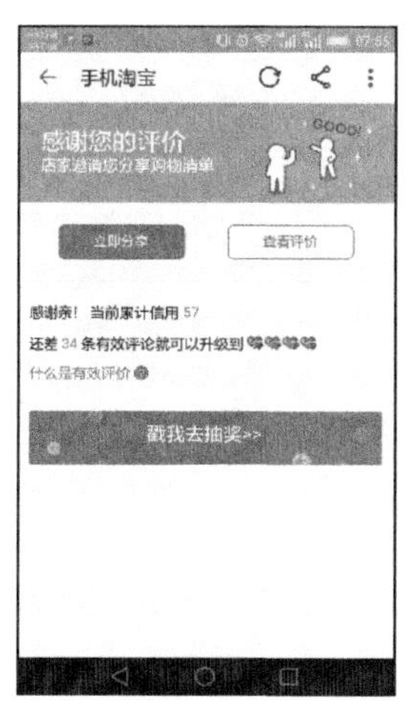

图 2-3-18　完成评价　　图 2-3-19　查看售后

这样，就完成了一次消费购物，购物时可以同时选择多个商品，放入购物车，最后一起结账。其他购物软件使用方法大同小异，各有优劣，大家可以根据自身需要，选择更合适的购物平台。

小贴士：确认收货需慎重操作。商家包邮商品大多数会投运费险，对购买的商品不满意，在确认收货前可以申请7天无理由退换，只要退回货物及所有配件、赠品，商家须在约定时间内退回全部货款。而退货的邮寄费用则由运费险承担。倘若确认收货了，运费险失效，寄回商品的运费往往需要买家自己承担。

练习题：

大家尝试在淘宝上购买一件物品。

单元小结

本单元我们学习了如何使用微信和支付宝支付软件进行支付，如何注册账号、绑定银行卡进行付款等。还学习了如何用手机进行点餐，以大众点评为例进行商家搜索、对比选择、下单、支付、评价等；还学习了如何使用手机进行购物，以淘宝为例学习如何搜索商品、选择商品、下单、付款、评价、联系商家退换货等；智能手机软件更新较快，会出现很多新功能，希望大家根据所学的方法主动探究，主动学习，大胆实践，丰富自己的生活。

学习单元三 手机出行

学习目标

知识目标

了解常用的手机出行常识，熟悉并掌握手机出行的操作方法。

能力目标

学会用手机进行导航、查地图、查景点、查天气，手机打车、预订酒店和航班等操作。

情感目标

转变观念，体会便利快捷，享受其带来的畅游快乐。

学习重难点

学习重点

手机出行操作的功能和基本使用方法。

学习难点

熟练手机出行的使用功能；掌握操作技巧。

任务一　手机导航

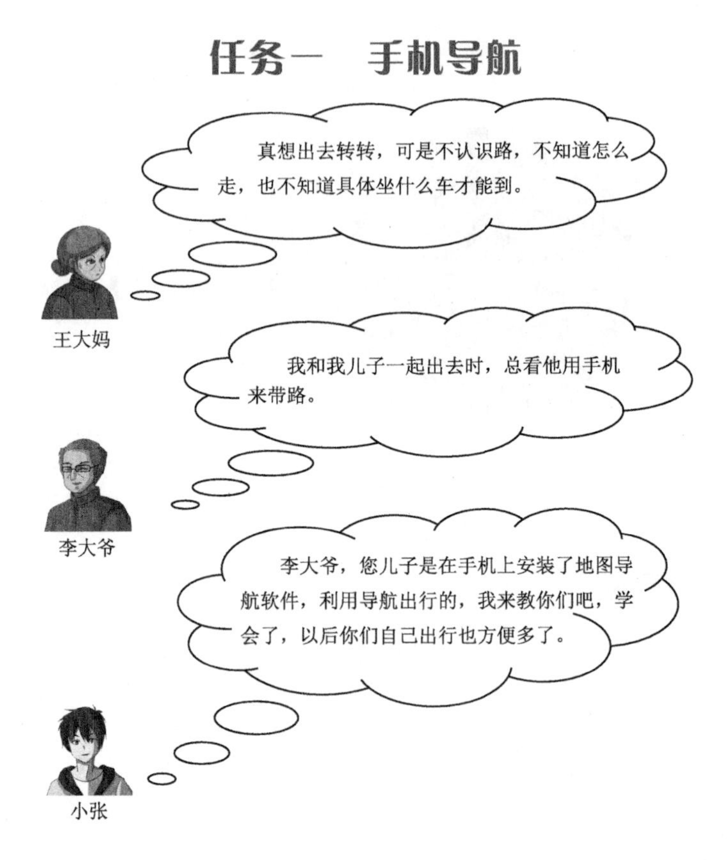

现在手机地图导航软件非常多，常用的有高德地图、百度地图等，它们都各有所长。高德地图在线路规划方面做得较好，在骑行、步行等低速运动导航方面表现更优。百度地图在用户体验方面做得比较好，用起来非常方便，能够让用户很轻松地找到目的地。虽然每一款手机地图导航软件都有自己的特色，但操作方法基本相同。您可以相互比较，选择一款自己觉得最好用的手机地图导航软件进行使用。

活动一：查找出行路线

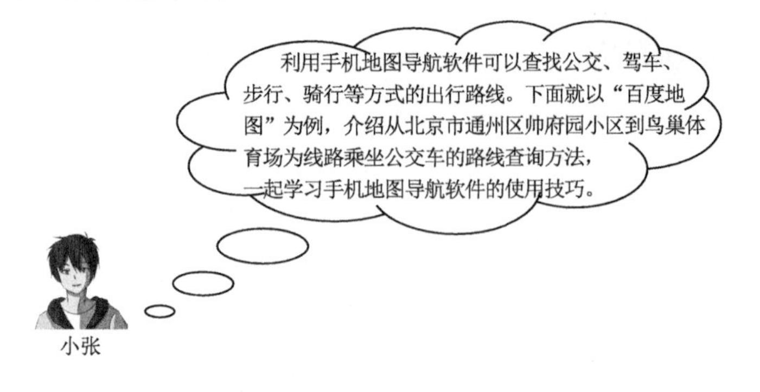

第一步：在手机屏幕上找到“百度地图”导航软件，如图 3-1-1 所示，单击进入。

第二步：进入地图导航软件后，单击屏幕右下方的“路线”图标按钮，如图 3-1-2 所示，就进入了如图 3-1-3 所示的路线查询界面。

图 3-1-1　单击“百度地图”导航软件

图 3-1-2　单击“路线”图标按钮

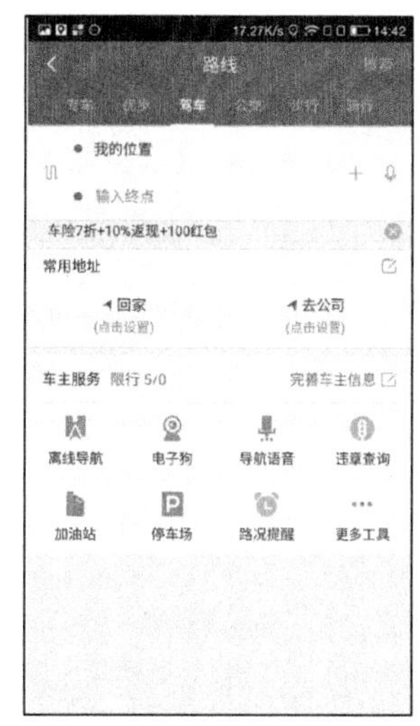

图 3-1-3　路线查询界面

第三步：再单击屏幕上方的“公交”，如图 3-1-4 所示，切换到公交路线查询界面，如图 3-1-5 所示。

图 3-1-4　单击“公交”

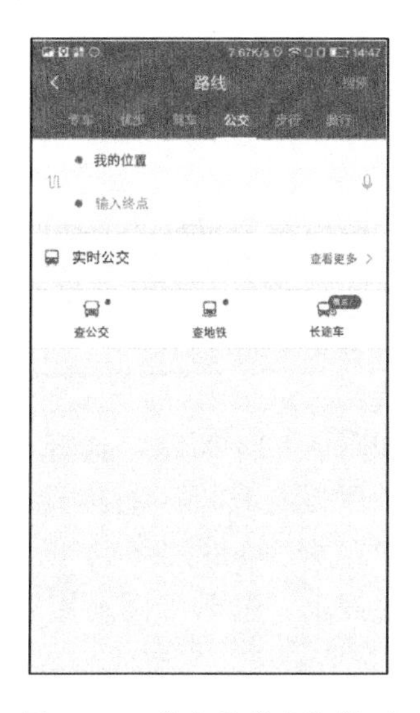

图 3-1-5　公交路线查询界面

第四步：自己当前所在的位置如图 3-1-6 所示，若已经打开卫星定位系统（GPS）地图导航软件就会实时自动定位，可以不用填写；也可以选择自己手动输入当前所在的具体地址作为出发地位置，如图 3-1-7 所示。

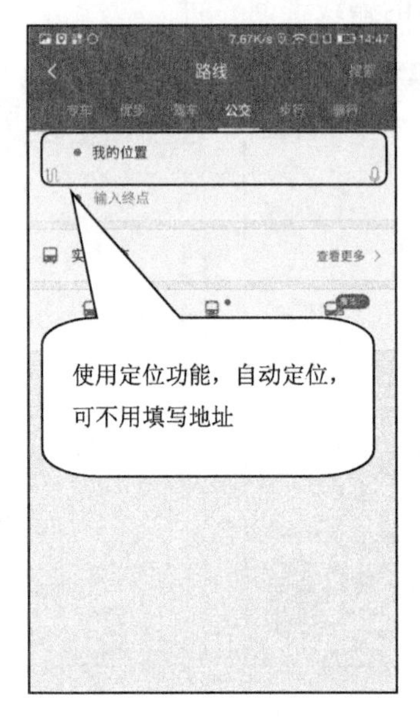

图 3-1-6　使用定位功能

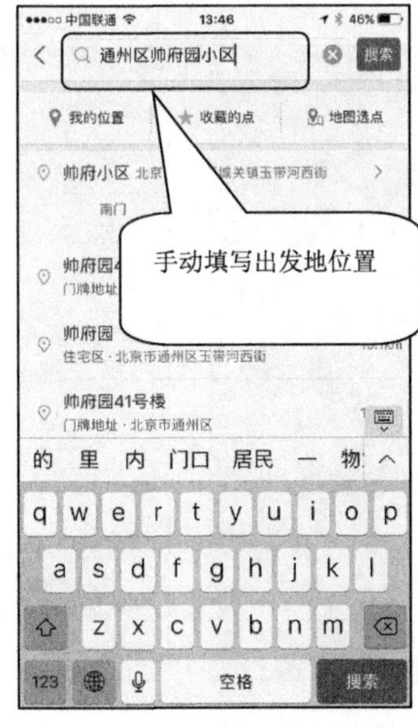

图 3-1-7　手动填写出发地位置

第五步：然后在“输入终点”输入框内，输入要去的地址，如图 3-1-8 所示。

第六步：如图 3-1-9 所示，输入“鸟巢”地址后，手机地图导航软件就会自动出现到达目的地的几个相应公交线路方案，如图 3-1-10 所示，向上滑动屏幕，可以查看所有的公交路线。

第七步：单击屏幕右上方的“推荐路线”，如图 3-1-11 所示，根据自己的需求结合图 3-1-12 上的选项选择路线。

第八步：如图 3-1-13 所示，选择“少换乘”，手机地图导航软件就会自动地把换乘最少的公交路线放在第一个位置，如图 3-1-14 所示。我们还可以根据自己的需求，选择“时间短”“少步行”等其他选项。

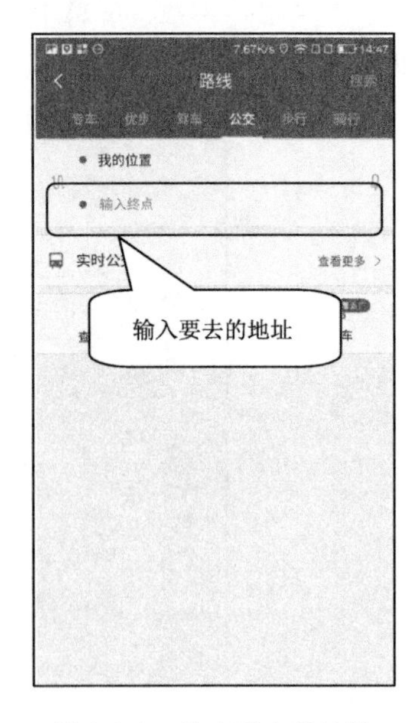

图 3-1-8　输入要去的地址

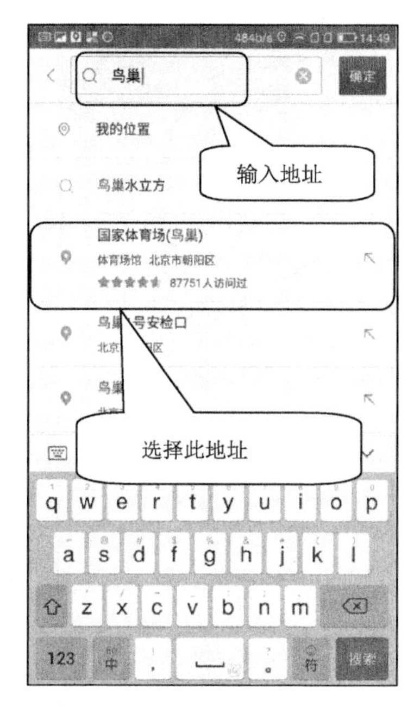

图 3-1-9　输入地址

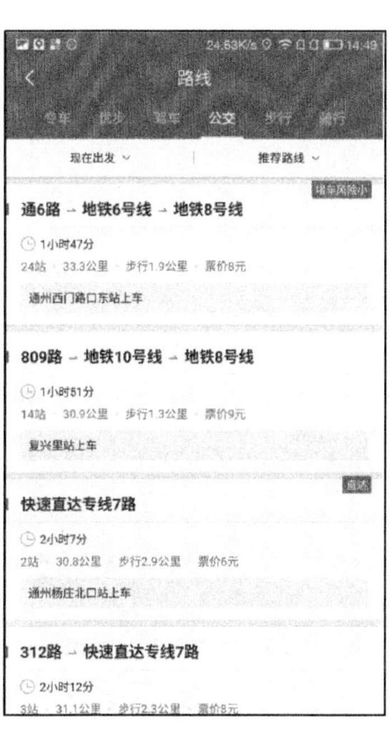

图 3-1-10　搜索出的公交路线

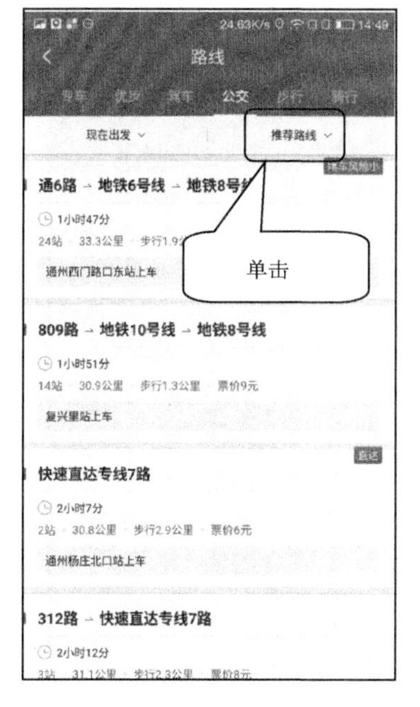

图 3-1-11　单击“推荐路线”

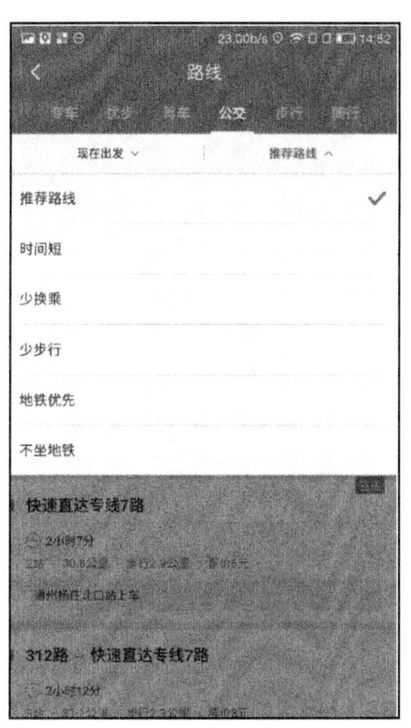

图 3-1-12　结合需求进行选择

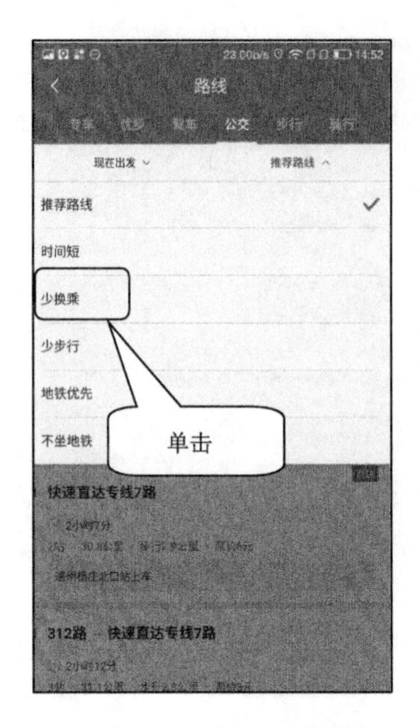

图 3-1-13　选择“少换乘”

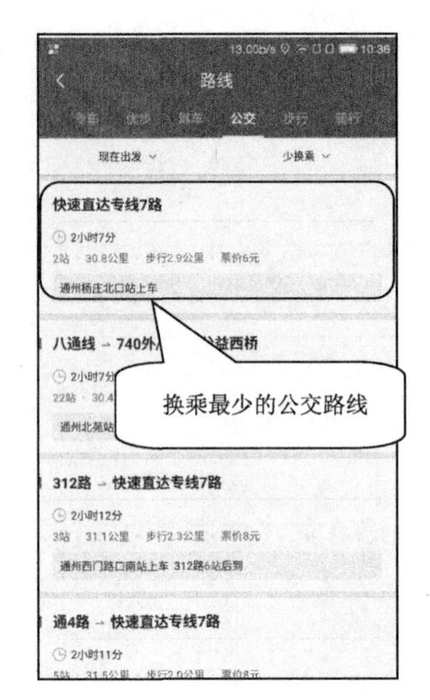

图 3-1-14　换乘最少的公交路线

第九步：如图 3-1-15 所示，单击进入所选择的路线，查看路线详情，如图 3-1-16所示。

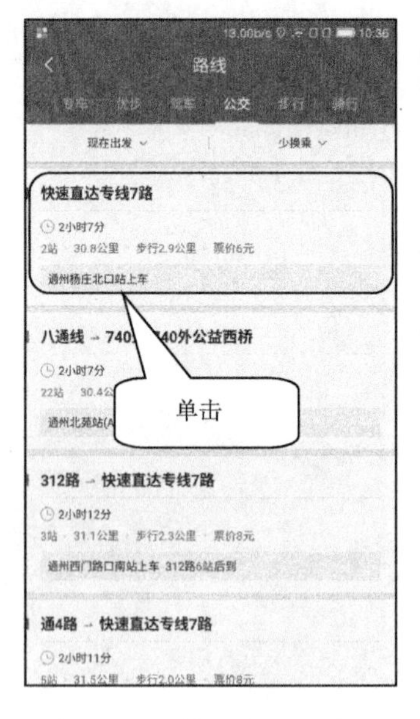

图 3-1-15　单击选择的路线

图 3-1-16　路线详情界面

第十步：如图 3-1-17 所示，单击向上箭头查看路线细节，如图 3-1-18 所示。

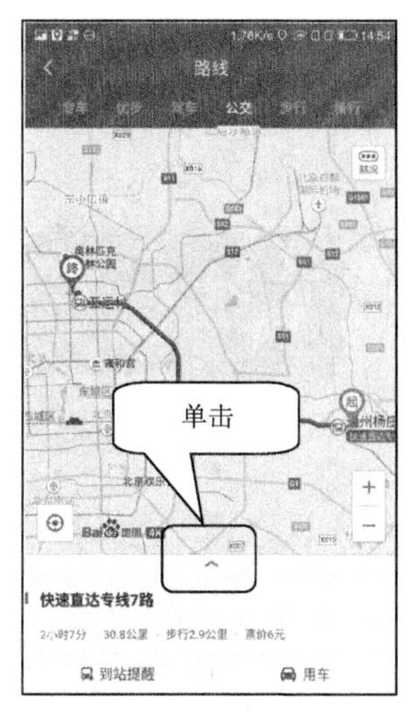

图 3-1-17　单击向上箭头

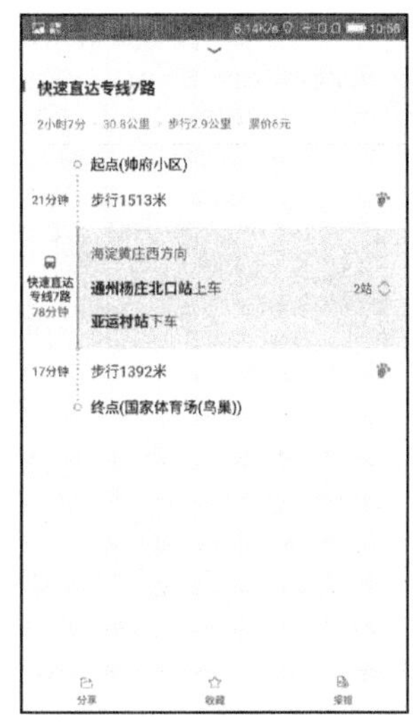

图 3-1-18　查看路线细节

按照线路出发，我们就可以准确无误地到达目的地。

还可以把图 3-1-18 所示路线细节界面截屏保存在相册中，方便查看。

同样是从通州区帅府园小区到鸟巢体育馆，如果不用公交出行，而是驾车出行的话，可按照如下步骤操作。

第一步：进入如图 3-1-19 所示界面，单击“驾车”，然后单击“搜索”进入如图 3-1-20所示的驾车出行路线界面。

图 3-1-19　单击“驾车”

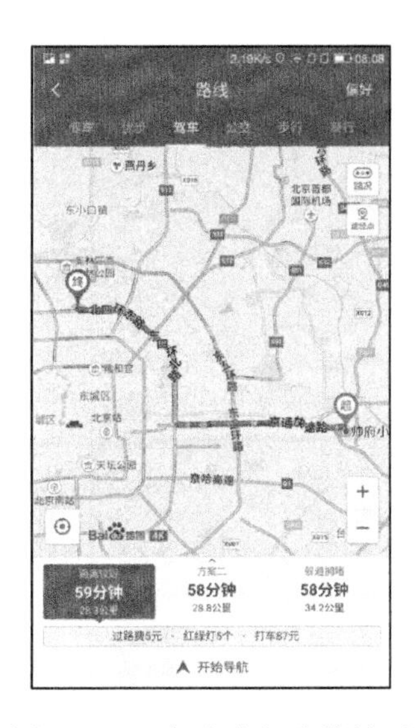

图 3-1-20　驾车出行路线界面

第二步：如图 3-1-21 所示，根据实际情况选择一种驾车出行方案，然后单击“开始导航”按钮，就进入了如图 3-1-22 所示的驾车导航界面，可根据导航提示音驾车出发了。

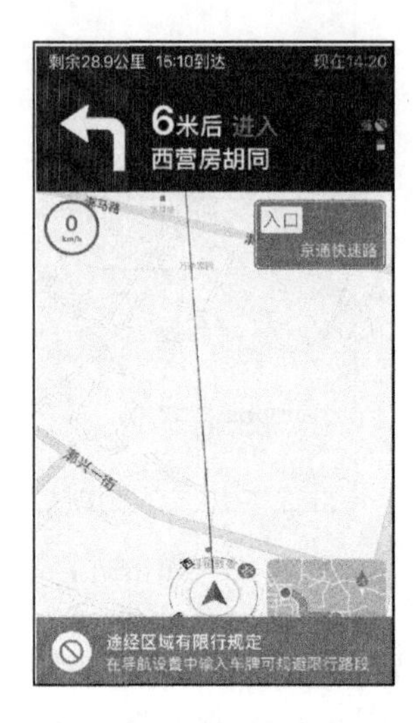

图 3-1-21　选择驾车出行方案　　图 3-1-22　驾车导航界面

平时出行，马路上到底有多堵？单击地图主界面右上角的“实时路况”按钮，如图 3-1-23 所示，即可显示当前城市的实时路况信息。

如图 3-1-24 所示，单击“实时路况”按钮以后，地图上道路会显示不同颜色。如图 3-1-25所示，绿色表示畅通，黄色表示行驶缓慢，红色则表示拥堵。

图 3-1-23　“实时路况”按钮　　图 3-1-24　打开“实时路况”功能

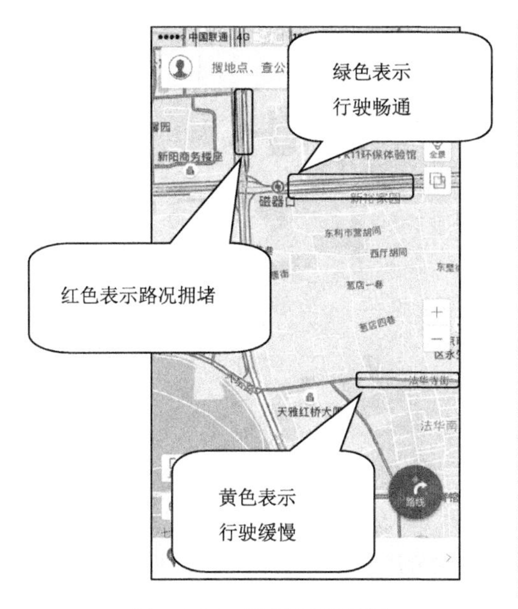

图 3-1-25 路况拥堵情况

小贴士：使用实时路况功能会花费较多的手机流量，建议您不要长期使用，查看清楚即可以关闭。

通过查看实时路况，可以提前为出行做好准备，避开拥堵道路，合理规划出行路线。

在日常出行时可能还会有其他方式，比如骑自行车，如图 3-1-26 所示，或是步行，如图 3-1-27 所示，可以参照驾车出行的方法操作地图导航软件，即可开始导航。

图 3-1-26 单击进入骑行导航

图 3-1-27 单击进入步行导航

活动二：实时公交

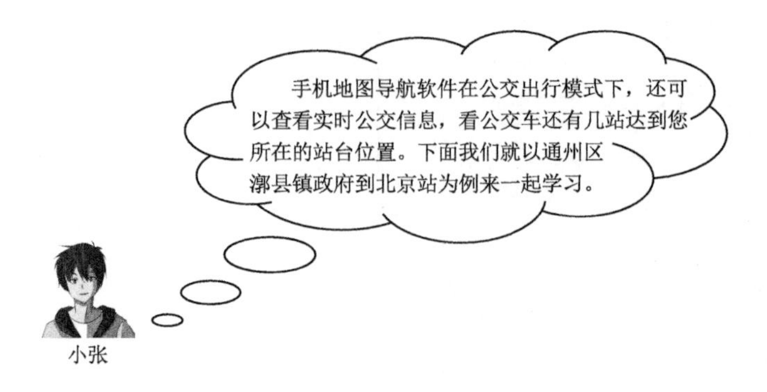

第一步：进入百度地图，在图 3-1-28 所示路线“公交”界面，我们可以找到“实时公交”按钮。

第二步：如图 3-1-29 所示，单击屏幕上的“实时公交”按钮，进入如图 3-1-30所示的实时公交信息界面，就会看到您所在位置附近所有的公交路线。

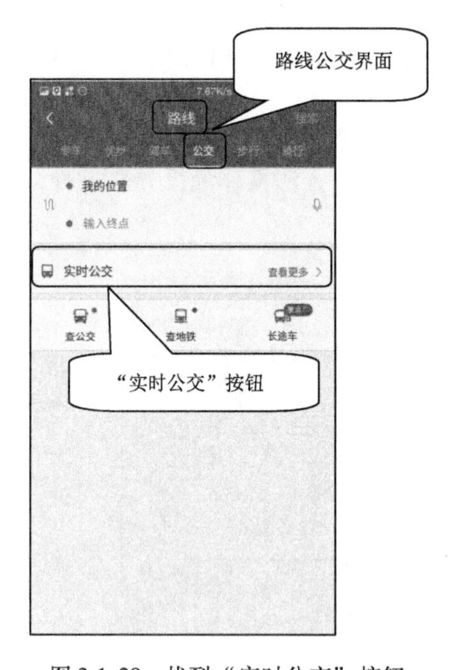

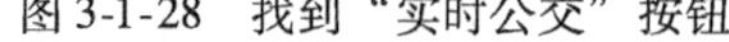

图 3-1-28　找到“实时公交”按钮

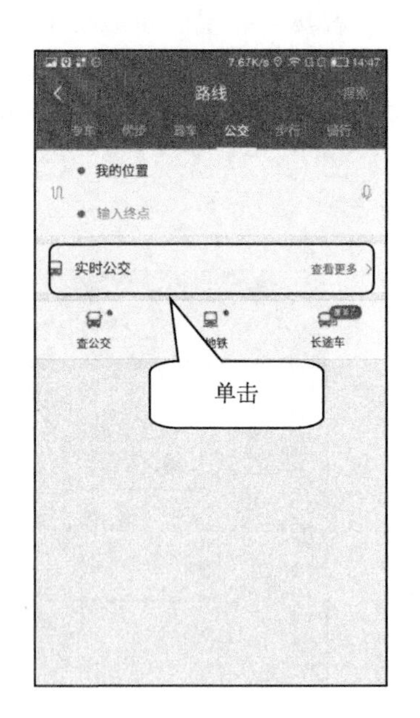

图 3-1-29　单击“实时公交”按钮

第三步：以“805 路”公交车为例，如图 3-1-31 所示，1 站后就可到达您所在位置的公交车站。

图 3-1-30　实时公交信息界面

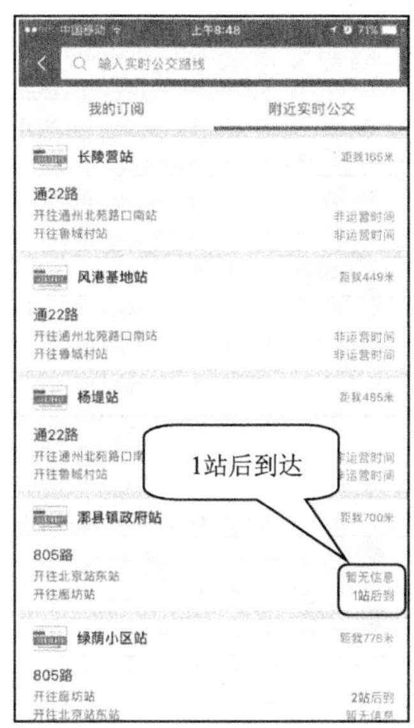

图 3-1-31　805 路 1 站后到达

如此，您就可以根据查询到的公交信息，合理安排时间出来候车，避免长时间在站台等待。

练习题：

请使用手机地图导航软件查询从您家到鸟巢体育馆的出行方案有哪些，并结合您的实际情况选择一种路线方案出行。

任务二　手机约车

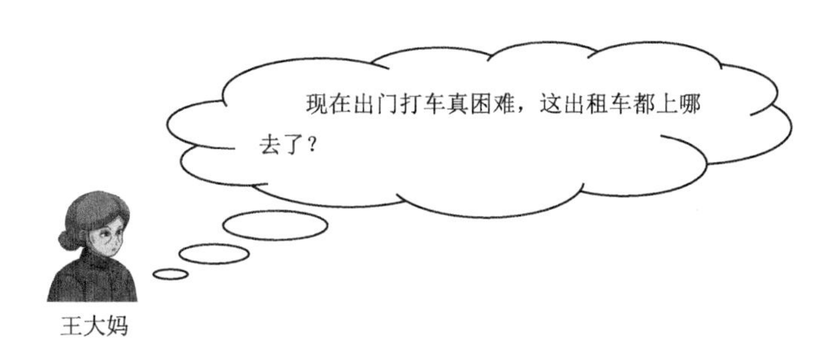

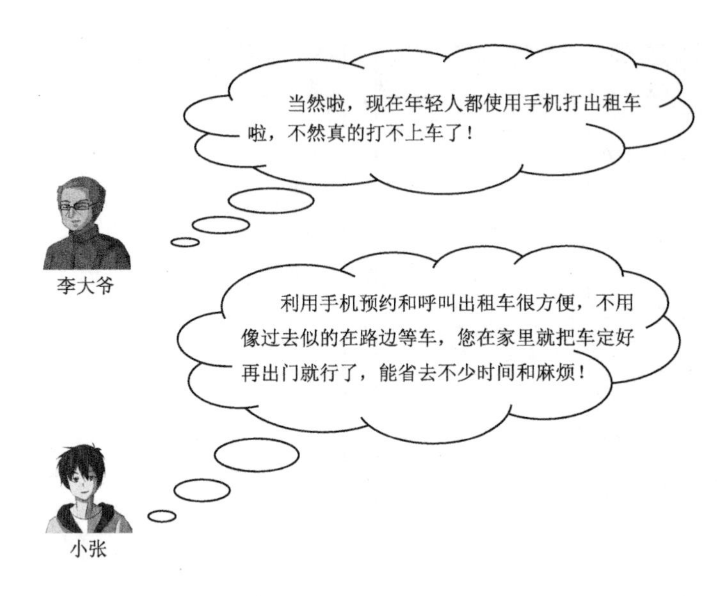

手机约车软件可以帮助用户随时叫车，司机上门接驾，告别路边拦车和风中等待。目前常用的手机约车软件有滴滴出行、神州专车等，每款手机约车软件都各有所长，但操作方法基本相同。您可以相互比较，选择一款最好用的手机约车软件进行使用。

活动一：呼叫出租车

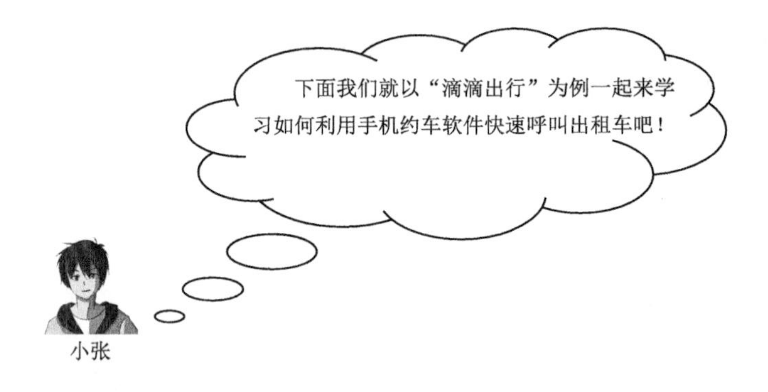

第一步：在手机屏幕上找到“滴滴出行”图标，如图 3-2-1 所示，单击进入。若是初次使用手机约车软件需要通过输入手机号进行登录，如图 3-2-2 所示。

第二步：输入手机号之后单击“下一步”，系统会发送短信验证码，如图 3-2-3所示。如图 3-2-4 所示等待收取短信验证码。

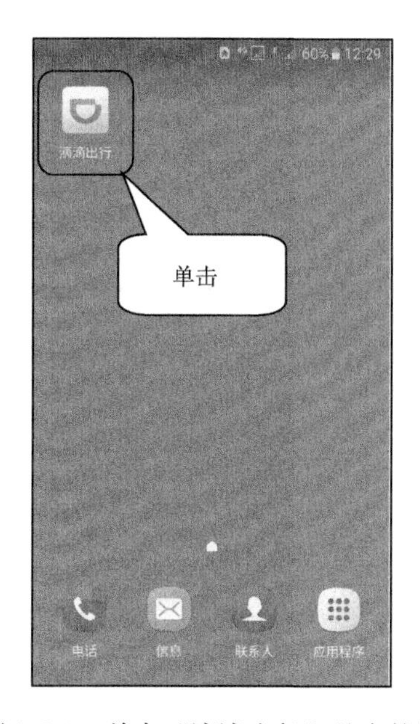

图 3-2-1　单击“滴滴出行”约车软件

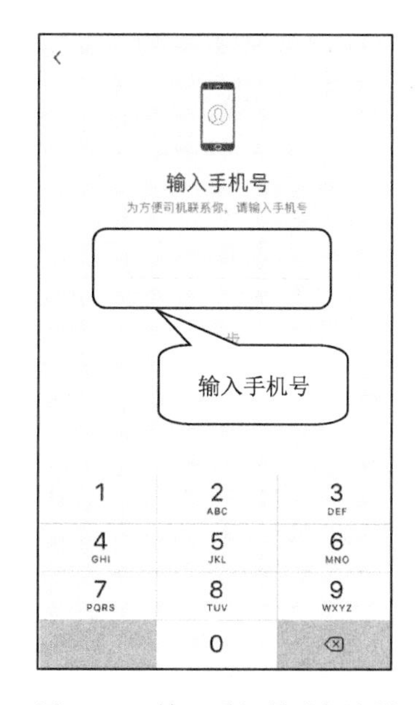

图3-2-2　输入手机号进行注册

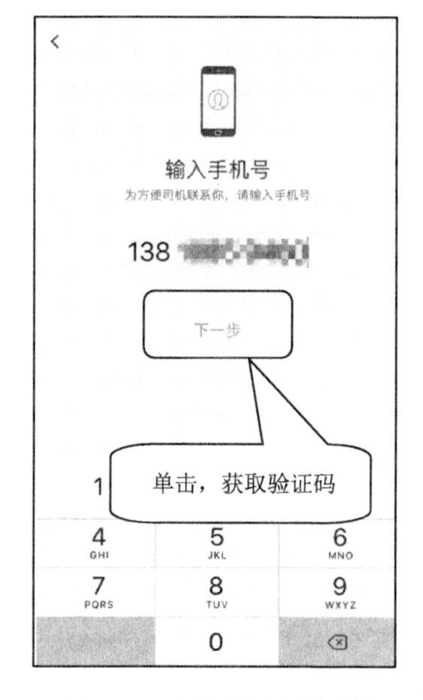

图 3-2-3　发送短信验证码

图 3-2-4　等待收取短信验证码

第三步：在验证码输入框内，输入四位数字验证码，如图 3-2-5 所示。随后系统自动进入到约车界面，单击界面上方“出租车”，准备呼叫出租车，随后单击页面下方起点输入框进行起点设置，如图 3-2-6 所示。

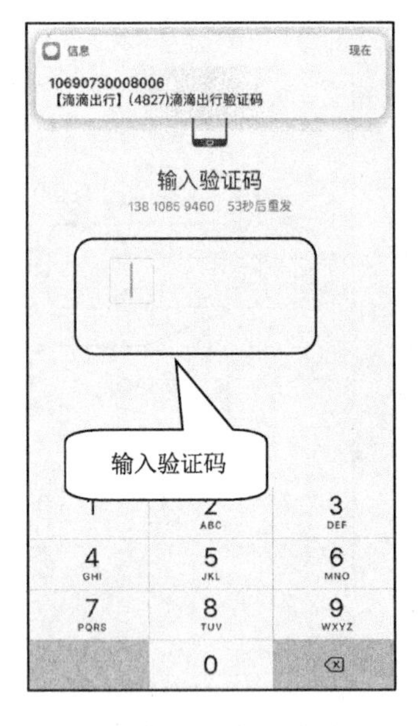

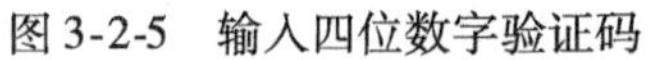
图 3-2-5　输入四位数字验证码

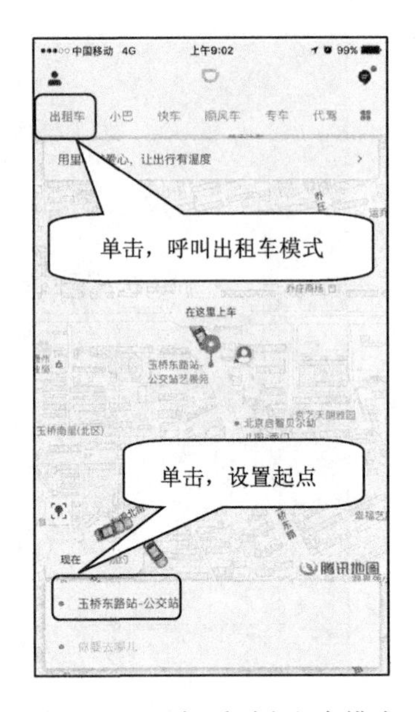

图 3-2-6　选择呼叫出租车模式

第四步：在页面上方输入您的具体位置，或者在系统自动定位中选择您的具体位置（请将手机定位设置成开启），如图 3-2-7 所示。单击页面下方“你要去哪儿”设置终点，如图 3-2-8 所示。

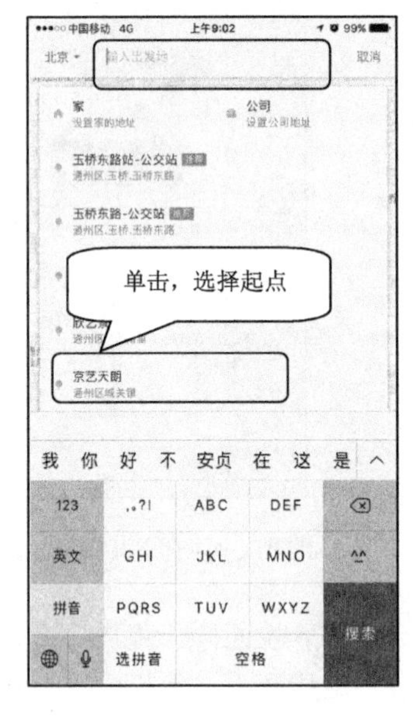

图 3-2-7　设置起点

图 3-2-8　进入设置终点

第五步：在页面上方输入您的目的地，或者在系统历史记录中选择您要去的具体位置，如图 3-2-9 所示。设置好起点和终点之后，单击页面下方“呼叫出租车”按钮，如图 3-2-10 所示。

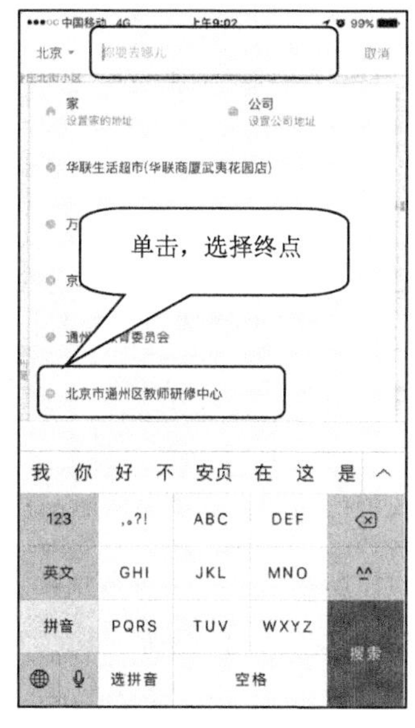

图 3-2-9　设置终点　　图 3-2-10　呼叫出租车

第六步：稍等片刻，软件正在为您寻找车辆，如图 3-2-11 所示。车辆接单之后，将显示司机的电话号码，单击“我知道了”，如图 3-2-12 所示。

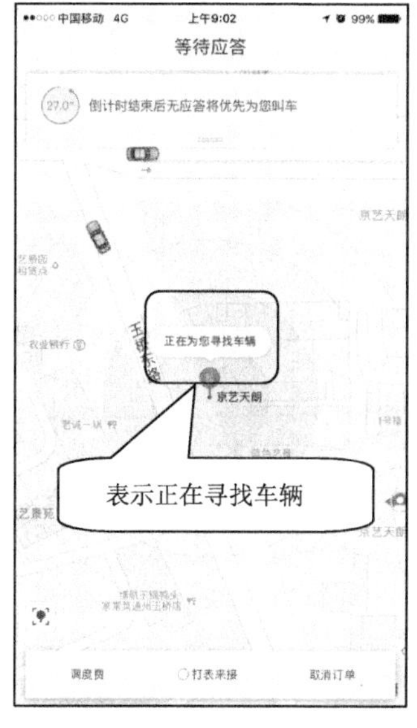

图 3-2-11　正在寻找车辆　　图 3-2-12　司机电话号码提示

第七步：如图 3-2-13 所示，显示车辆与您的距离和预计到达时间。当车辆接上您之后，会提示距离终点的距离和预计行驶时间，如图 3-2-14 所示。

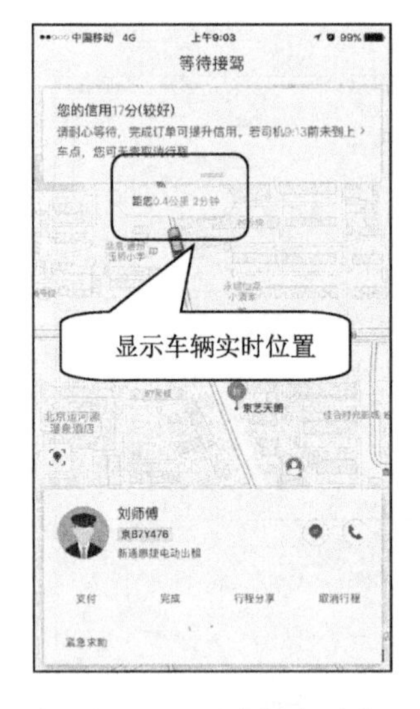

图 3-2-13　显示车辆实时位置

图 3-2-14　预计行驶距离和时间提示

第八步：车辆到达终点之后，单击页面下方“▲”标志进行支付或完成行程等操作，如图 3-2-15 所示。如您选择网上支付，可单击“支付”，如图 3-2-16 所示。如您选择现金支付，按照计价器显示车费现金支付给司机即可，单击“完成”即完成行程。

图 3-2-15　单击“▲”标志进行支付或完成行程

图 3-2-16　网上支付

第九步：网上支付，在车费输入框按计价器显示输入车费，单击“去支付”按钮，如图 3-2-17 所示。单击选择支付方式右侧相应圆圈，确定网上支付方式，随后单击“确认支付××元”按钮，如图 3-2-18 所示。

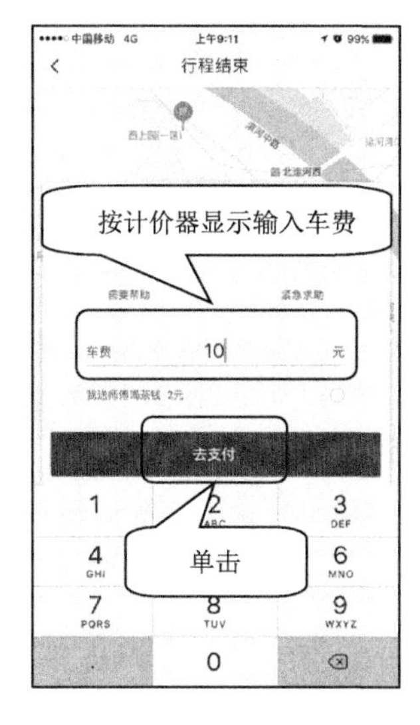

图 3-2-17　输入车费　　　图 3-2-18　选择支付方式进行支付

小贴士：在支付环节，如果遇到网络连接问题或者软件异常导致支付不成功，先不要重复支付，最好先致电软件客服人员进行咨询确认后再进行支付。

第十步：支付完成之后，单击页面下方的“☆”对司机进行评价，如图 3-2-19所示。随后单击屏幕下方“匿名提交”进行提交，如图 3-2-20 所示。

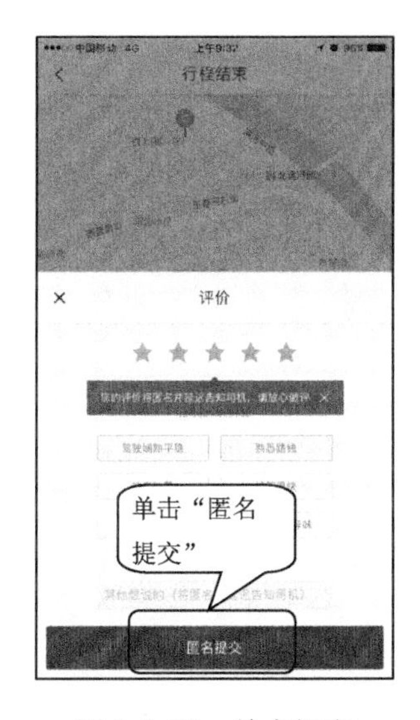

图 3-2-19　对司机进行评价　　　图 3-2-20　单击提交

活动二：预约出租车

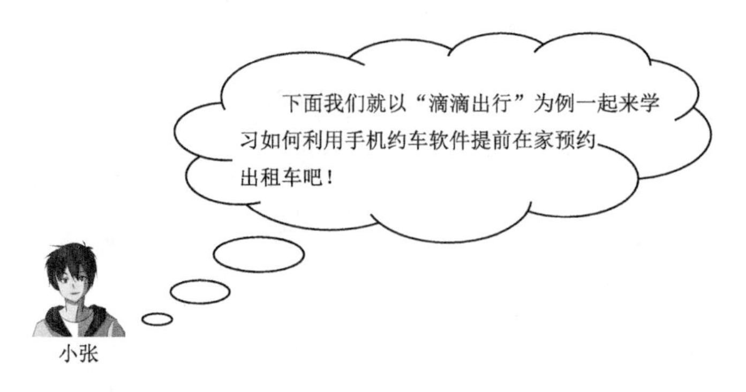

第一步：在手机屏幕上找到"滴滴出行"图标，如图3-2-21所示，单击进入软件。若是初次使用手机软件，可以参照活动一中的第一步至第三步进行快速登录，随后单击页面上方的"出租车"和页面下方的"预约"按钮，如图3-2-22所示。

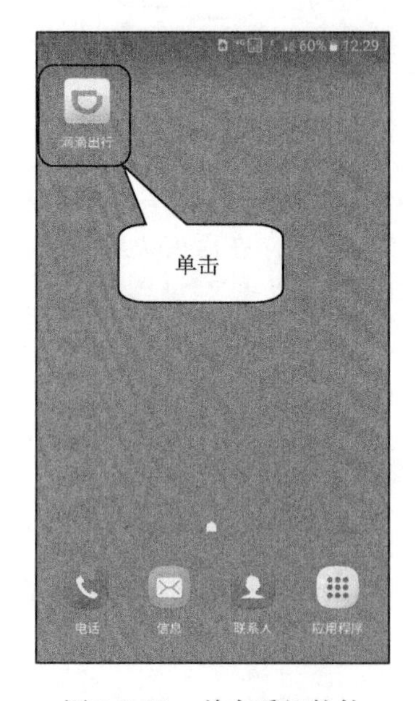

图3-2-21　单击手机软件

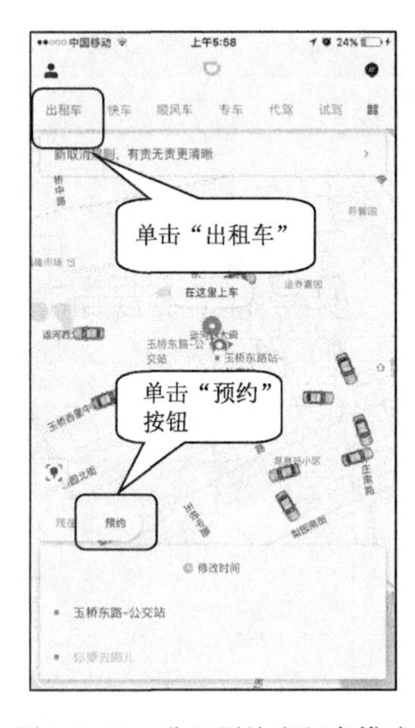

图3-2-22　进入预约出租车模式

第二步：单击屏幕上"修改时间"按钮，修改乘车时间，如图3-2-23所示。随后参照活动一中的第四步、第五步确定起点和终点，如图3-2-24所示。

第三步：如乘车人非您本人，单击屏幕上"换乘车人"按钮修改乘车人，如图3-2-25所示。在"换乘车人"界面添加乘车人姓名和电话，如图3-2-26所示。

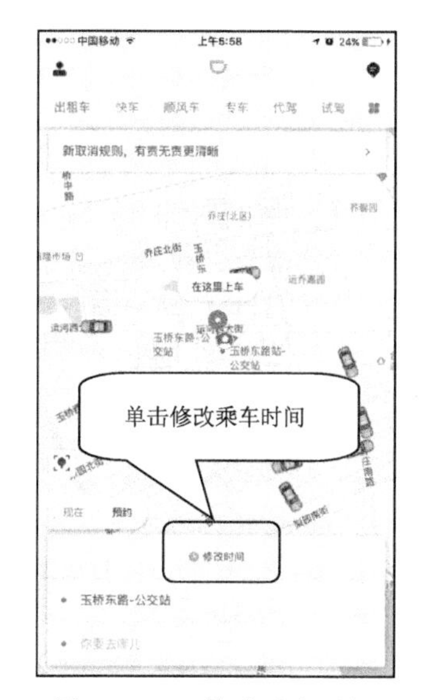

图 3-2-23　修改乘车时间

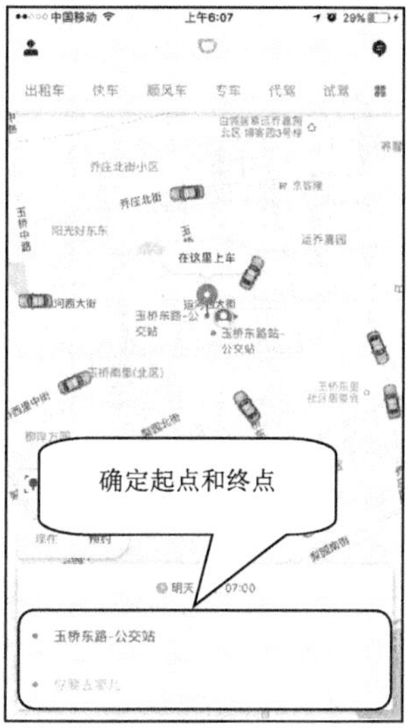

图 3-2-24　确定起点和终点

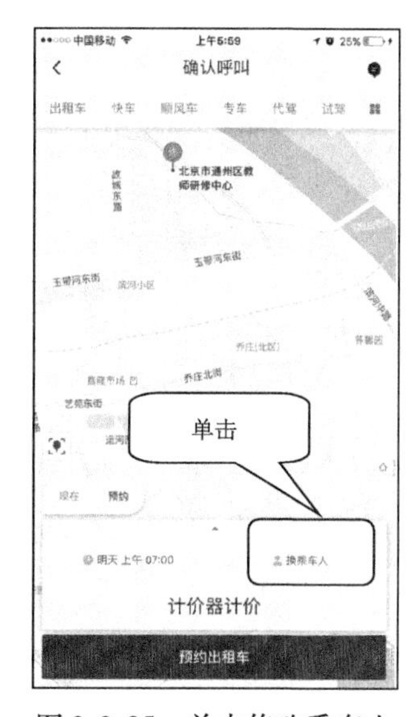

图 3-2-25　单击修改乘车人

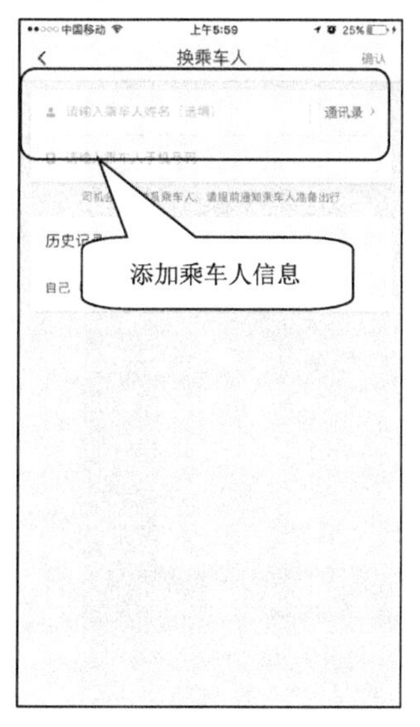

图 3-2-26　添加乘车人信息

第四步：添加好乘车人信息后，单击右上角“确认”按钮，如图 3-2-27 所示。单击“预约出租车”按钮，如图 3-2-28 所示。

第五步：屏幕显示预约乘车人、乘车时间等信息，如信息无误，单击“确认叫车”按钮，如需要修改信息，单击“返回修改”按钮，如图 3-2-29 所示。确认叫车后，系统会为您寻找车辆，如图 3-2-30 所示，之后的操作与活动一中的第六步至第十一步一致。

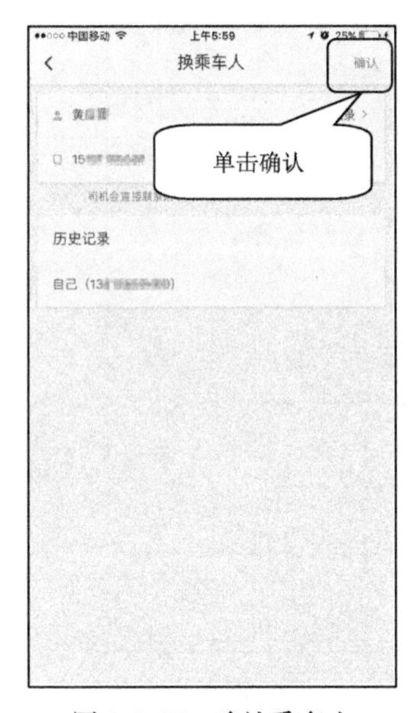

图 3-2-27　确认乘车人

图 3-2-28　单击“预约出租车”按钮

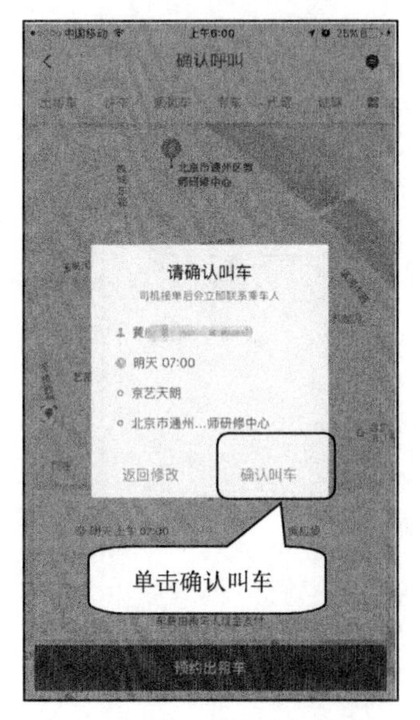

图 3-2-29　确认约车信息

图 3-2-30　寻找车辆

练习题：

请您根据最近的出行计划，运用此种方法尝试预约从您家到目的地的出租车，完成出行计划。

任务三　旅游助手

现在旅游助手软件非常多，订票、订酒店比较常用的如“携程旅行”、“去哪儿旅行”等。“携程旅行”在效率、服务方面做得较好；“去哪儿旅行”可以通过比价，让用户找到更便宜的产品，降低旅行成本。虽然每一款旅游助手软件都各有特色，但操作方法基本相同。您可以根据自己的情况，选择一款适合您的旅游助手软件。

活动一：订票

我们以“携程旅行”上购买1月1日北京到广州的飞机票、火车票为例，为您介绍订票的方法，首先来看看订机票。

小张

第一步：在手机屏幕上找到“携程旅行”软件图标，如图 3-3-1 所示，单击进入软件。

图 3-3-1　单击“携程旅行”软件图标

小贴士：旅游助手软件需要在手机联网的情况下才能使用，并且请允许软件使用您的位置。

第二步：进入“携程旅行”软件后，如图 3-3-2 所示，单击屏幕左侧“机票”图标按钮，就进入了如图 3-3-3 所示的机票搜索界面，系统默认的行程为“北京”到“上海”。

图 3-3-2　单击“机票”图标按钮

图 3-3-3　机票搜索界面

第三步：单击目的地的城市名“上海”，如图 3-3-4 所示，在城市选择界面选择“广州”，如图 3-3-5 所示。在实际应用中，如果您的出发地不是北京，也可以用同样的方法设置出发地。

图 3-3-4　单击城市名称

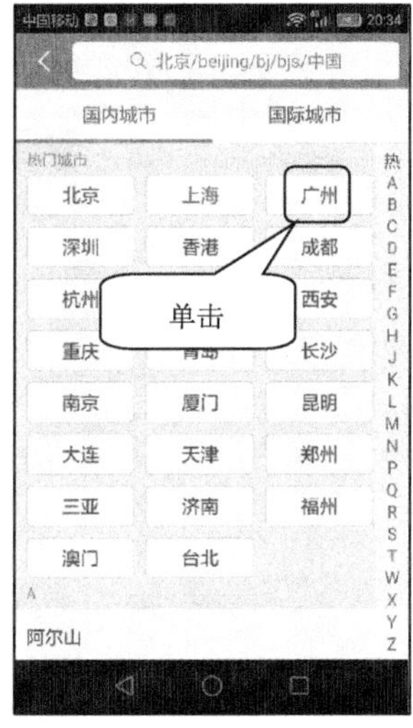

图 3-3-5　城市选择界面

第四步：单击“12 月 19 日明天”，如图 3-3-6 所示，在日期选择界面，单击计划出发的日期“元旦”，如图 3-3-7 所示。向上滑动屏幕，可以查看更多的日期，日期下方的金额表示当日该软件可以为您提供的各航班的最低价。

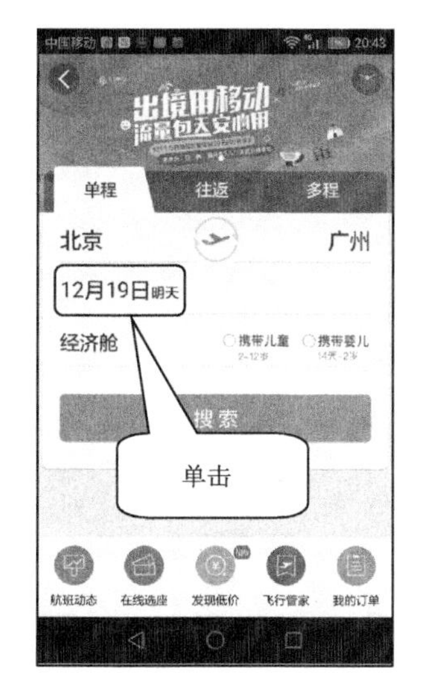

图 3-3-6　单击出发日期

图 3-3-7　日期选择界面

第五步：单击“经济舱”，如图 3-3-8 所示，根据您的实际情况，选择适合的舱位，如图 3-3-9 所示，如果您携带儿童或婴儿，请单击相应选项按钮进行选择。

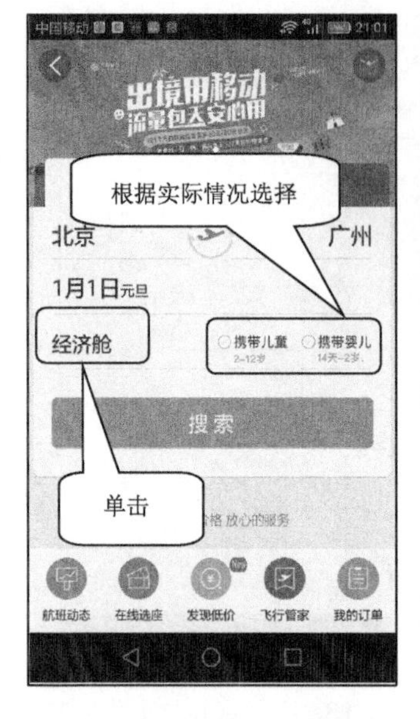

图 3-3-8　单击“经济舱”

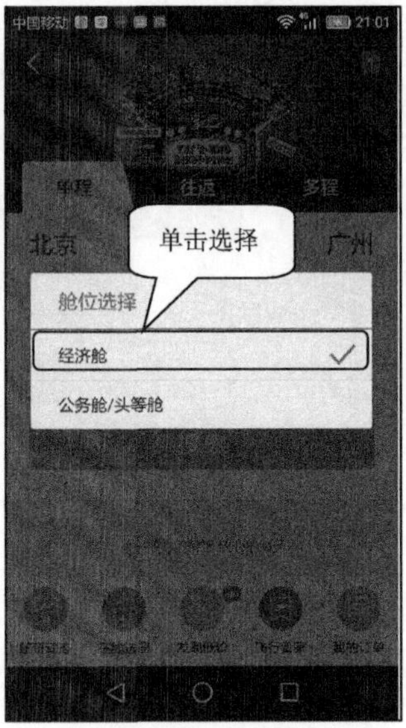

图 3-3-9　选择舱位

第六步：如图 3-3-10 所示，单击“搜索”按钮后，软件会为您找到符合要求的全部机票列表，如图 3-3-11 所示。向上滑动屏幕，可以查看所有的机票。

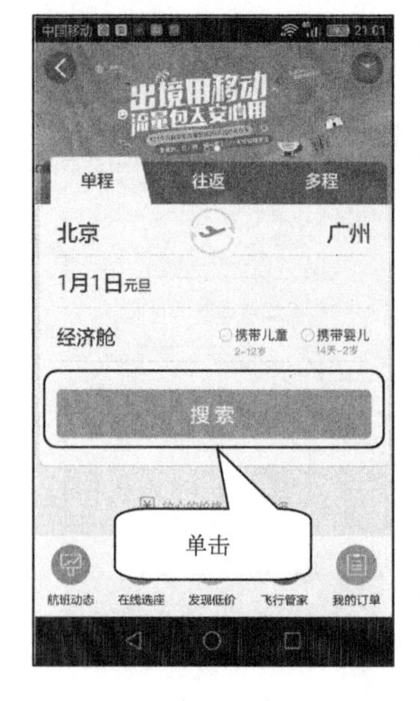

图 3-3-10　单击“搜索”按钮

图 3-3-11　搜索出的机票

第七步：单击屏幕左下方的“筛选”按钮，如图 3-3-12 所示，可以根据自己对起飞时间、机场、机型、舱位的要求，结合图 3-3-13 上的选项缩小筛选的范围。

图 3-3-12　单击“筛选”按钮

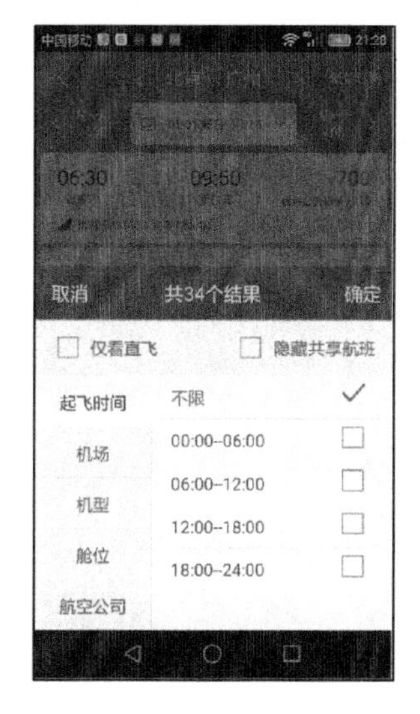

图 3-3-13　选择起飞时间等

假如您希望飞机的起飞时间为 06：00—12：00，就单击勾选“06：00—12：00”选项，如图 3-3-14 所示，然后单击“确定”按钮。旅游助手软件就会把符合要求的机票筛选出来，如图 3-3-15 所示，即当天出发时间在 6 点到 12 点之间的所有机票。我们可以用同样的方法对起飞的机场、机型、是否直飞等进行选择。

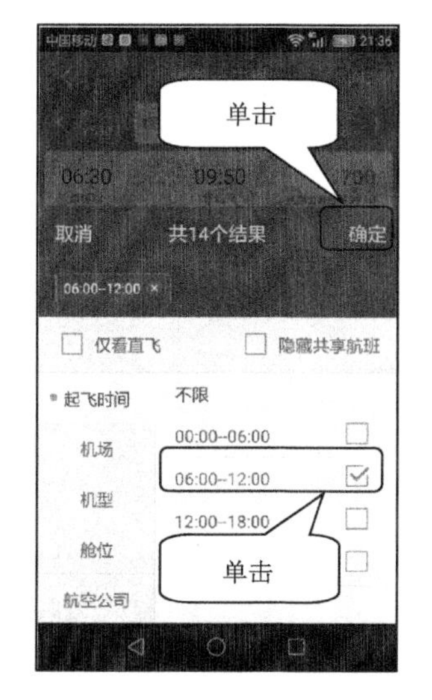

图 3-3-14　选择起飞时间　　图 3-3-15　筛选出的机票

第八步：如图 3-3-16 所示，在机票列表界面单击选好的机票区域，并选择需要的商品，单击“订”按钮，如图 3-3-17 所示。

图 3-3-16　单击选择的机票

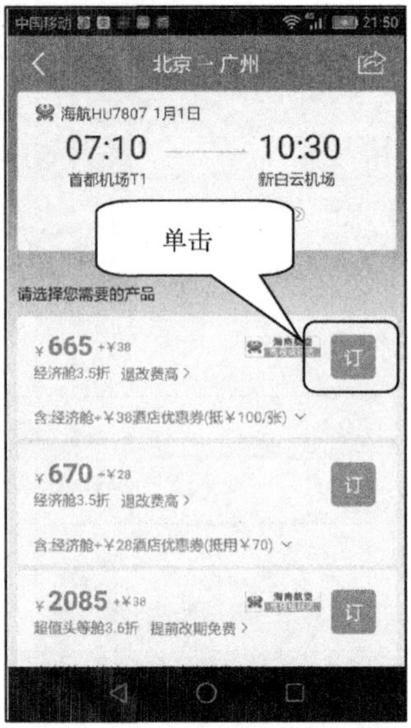

海航HU7807 1月1日
07:10　10:30
首都机场T1　新白云机场
单击
请选择您需要的产品
¥665
订
¥670
订
¥2085
订

图 3-3-17　单击“订”按钮

第九步：如图 3-3-18 所示，需要登录软件，可以通过注册会员的登录名和密码进行登录，可以使用“手机动态密码登录”或利用“第三方账号登录”，也可以选择“非会员直接预订”。之后，进入机票详情界面，如图 3-3-19 所示。

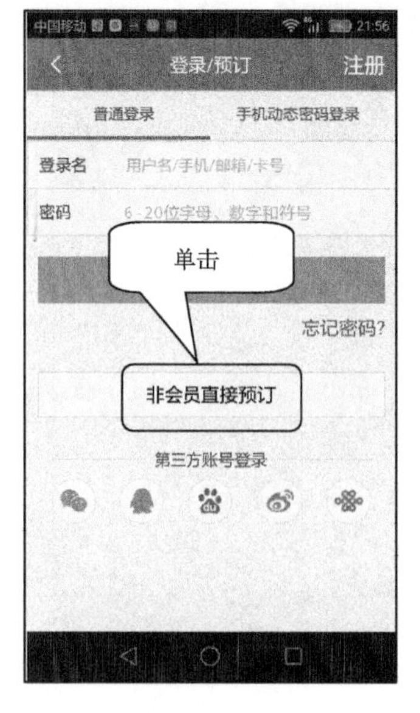

图 3-3-18　选择登录方式

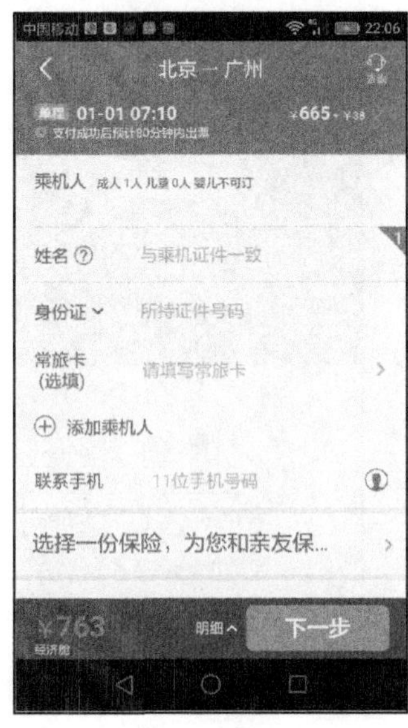

图 3-3-19　机票详情界面

第十步：如图 3-3-20 所示，在乘机人信息界面单击输入“姓名”“身份证”“联系手机”等个人信息。单击“添加乘机人”，可输入同行人的信息，为他们购票。向上滑动屏幕，选择是否购买相关保险和服务。选好以后，单击下方“明细”按钮，可查看机票全价由哪些部分组成，核对是否包括了您不需要的附加产品，如图 3-3-21 所示，仔细核对后，单击“下一步”。

图 3-3-20　输入乘机人信息

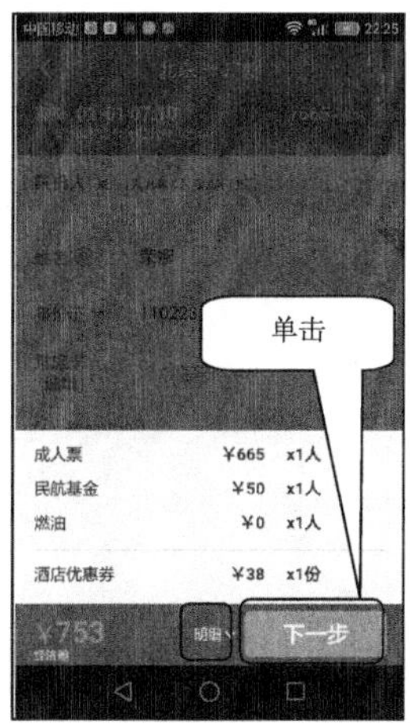

图3-3-21　机票全价组成

第十一步：如图 3-3-22 所示，选择是否购买接送机服务，如果需要就单击相应的选项按钮。随后单击“去支付”按钮，如图 3-3-23 所示，选择支付方式进行付款，购票完成。

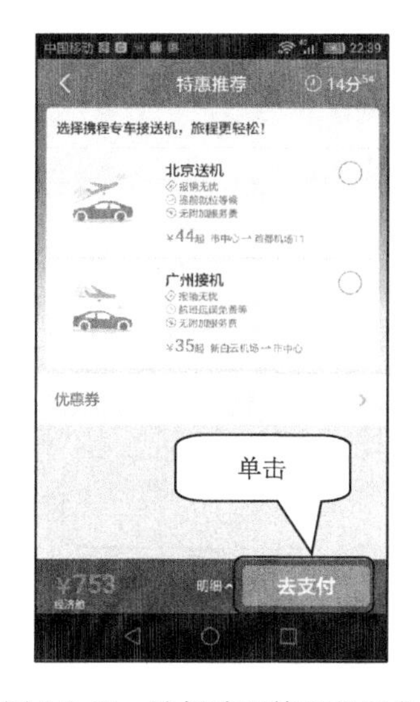

图 3-3-22　选择购买接送机服务

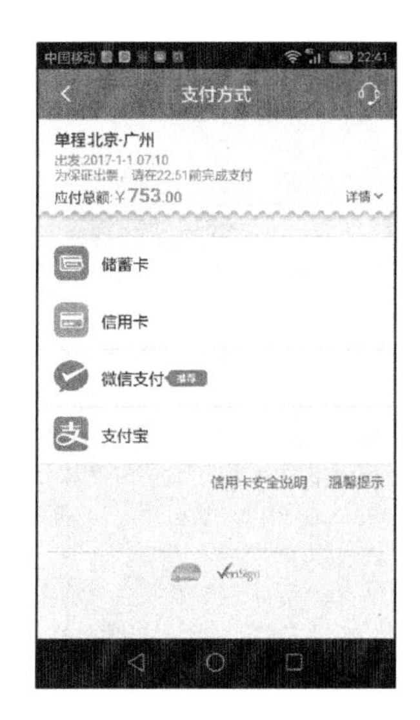

图 3-3-23　支付票款

同样是从北京到广州，元旦出发，如果选择乘坐火车去，应该怎么买票呢？

第一步：在“携程旅行”软件首页，如图 3-3-24 所示，单击“火车票 · 抢票”按钮，就进入了如图 3-3-25 所示的火车票搜索界面，系统默认的行程为“上海”到“北京”。

图 3-3-24　单击“火车票 · 抢票”按钮

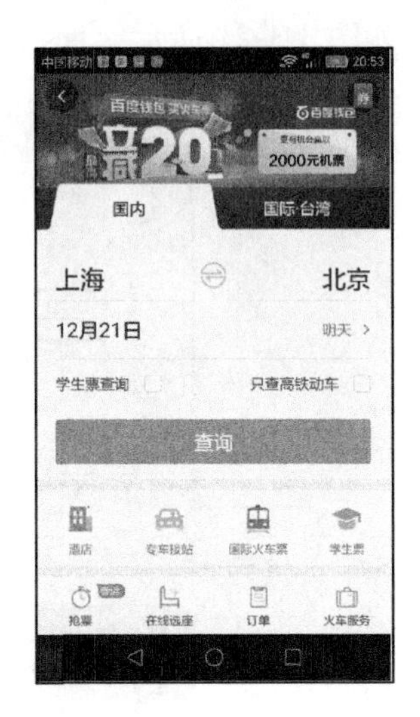

图 3-3-25　火车票搜索界面

第二步：运用与购买机票相似的方法，修改出发地、目的地、出发日期，在此设定为“北京到广州，1 月 1 日”。若您只想购买高铁动车车票，需要单击“只查高铁动车”选项后面的方框进行勾选，如图 3-3-26 所示。之后，单击查询。软件将为您找到符合要求的全部火车票，单击您选中的火车票，如图 3-3-27 所示。

图 3-3-26　设置相关信息

图 3-3-27　单击选中搜索出的车票

第三步：如图 3-3-28 所示，根据需求选择火车票，单击“预订”按钮，在打开的各种购票途径中，选择一种单击“买票”按钮，如图 3-3-29 所示。以下展示在“12306”预订车票的操作步骤。

图 3-3-28　单击选择车票　　　图 3-3-29　单击买票按钮

第四步：如图 3-3-30 所示，输入“12306”官方购票平台的“用户名”和“密码”，单击“登录 12306”按钮进入软件。在订单填写界面，添加乘客姓名、身份证号码、电话号码等个人信息，选择是否购买保险，完成设置后，单击“提交订单”按钮，如图 3-3-31 所示。

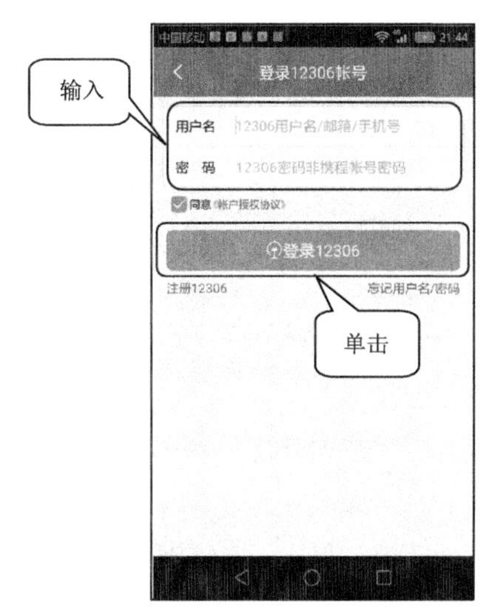

图 3-3-30　登录 12306　　　图 3-3-31　添加信息并提交订单

第五步：根据提示的文字，单击相应的图片可完成验证，如图 3-3-32 所示。被选中的图片上会出现绿色“√”标志，选好后，单击“提交”按钮。如图 3-3-33所示，再次核对车票信息，单击“去支付”按钮，进行付款，完成购票。

图 3-3-32　进行验证　　　图 3-3-33　完成支付

活动二：订酒店

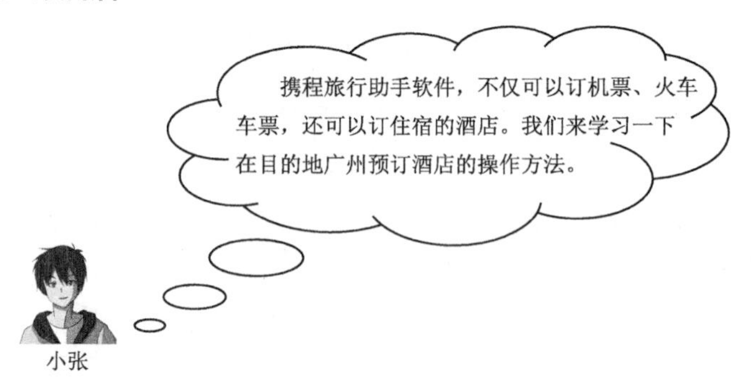

第一步：在软件首页，如图 3-3-34 所示，单击“酒店”按钮，进入如图 3-3-35所示酒店搜索界面。

第二步：运用之前介绍的方法，修改目的地、入住时间、离店时间。还可以单击“关键字/位置/品牌/酒店名”按钮设置酒店筛选条件，如图 3-3-36 所示，根据自己的需求，结合图 3-3-37上的选项缩小筛选的范围。比如，我们希望住在

“广州长隆”附近，就可以单击相应的按钮。

图 3-3-34　单击“酒店”按钮

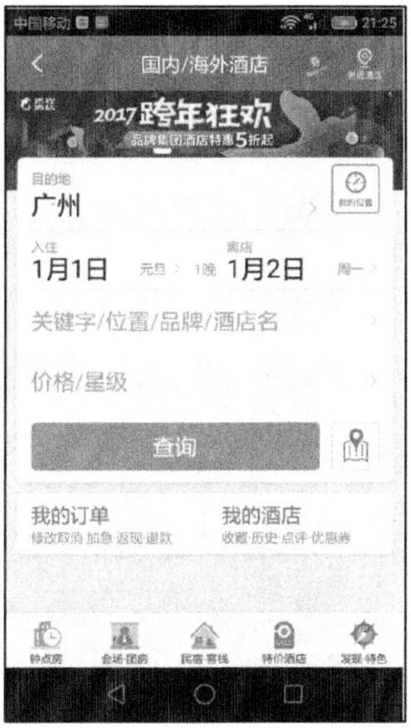

图 3-3-35　酒店搜索界面

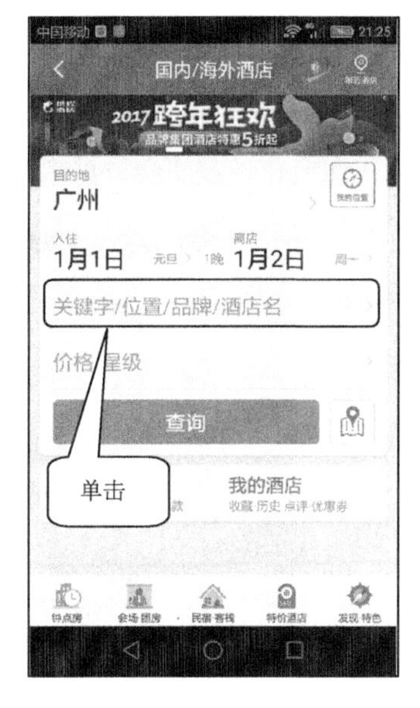

图 3-3-36　设置酒店筛选条件

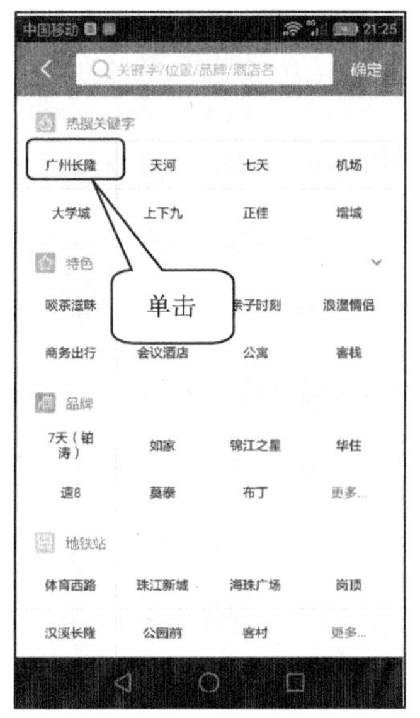

图 3-3-37　选择酒店所处位置

第三步：设置好后，单击如图 3-3-36 所示的“查询”按钮，进入酒店列表界面，如图 3-3-38 所示。单击下方“筛选”“位置区域”“价格/星级”“距离近→远”按钮，可以根据您的需求缩小筛选的范围。最终单击选好的酒店，进入酒店详情界面，向上滑动屏幕，可查看所有房型，如图 3-3-39 所示。

图 3-3-38 酒店列表　　图 3-3-39 酒店详情界面

第四步：根据需求选择房型，在此以选择标准双床房为例。单击“标准双床房”区域，软件将打开该房型的所有报价。举例中的酒店提供了“到店付”和“在线付”两种支付方式，您可以选择喜欢的方式，如选择“到店付”，单击相应的“预定”按钮，如图 3-3-40 所示。如图 3-3-41 所示，进行会员登录或非会员直接预订。

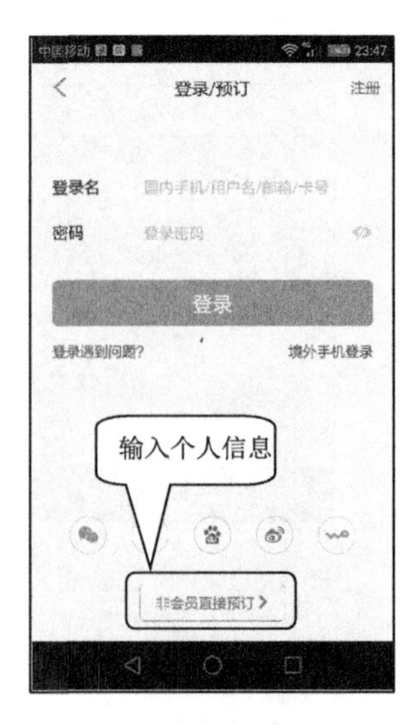

图 3-3-40 选择房型及选择支付房费方式　图3-3-41 会员登录或非会员直接预订

第五步：如图 3-3-42 所示，输入个人信息，选择最晚抵店时间，选择是否购买保险和使用优惠券等。单击“提交订单”按钮，酒店预订完成。若您在前面的步骤中选择“在线付”，在此房费和相关服务会有所不同，如图 3-3-43 所示，设置好后，单击“去支付”按钮，支付房费，酒店预订完成。

图 3-3-42　完成预订

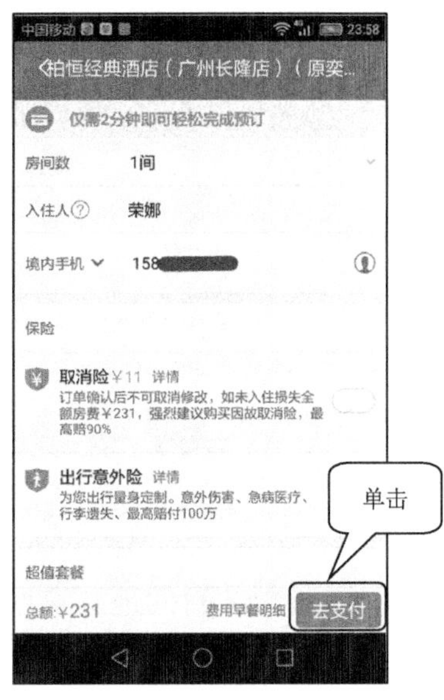

图 3-3-43　在线支付房费

活动三：景点查询

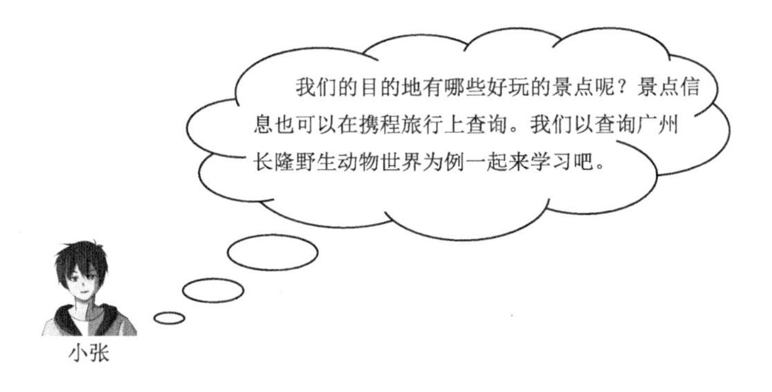

第一步：在软件首页，如图 3-3-44 所示，单击“目的地攻略”按钮，进入景点查询界面，如图 3-3-45 所示，单击搜索栏。

图 3-3-44　单击“目的地攻略”按钮

图 3-3-45　进入景点查询界面

第二步：输入目的地、景点、酒店等进行查询，我们输入目的地“广州”，系统自动联想出相关的目的地，单击“广州，广东”，如图 3-3-46 所示。进入“广州”旅游界面，如图 3-3-47 所示。

图 3-3-46　输入目的地

图 3-3-47　“广州旅游”界面

第三步：如图 3-3-48 所示，单击“景点”图标按钮，进入景点列表页，如图 3-3-49 所示。向上滑动屏幕，可查看当地更多的景点，可以单击喜欢的景点进行了解。在此我们单击“长隆野生动物世界”，即可查看该景点相关信息。

图 3-3-48　单击“景点”图标按钮

图 3-3-49　景点列表界面

活动四：天气查询

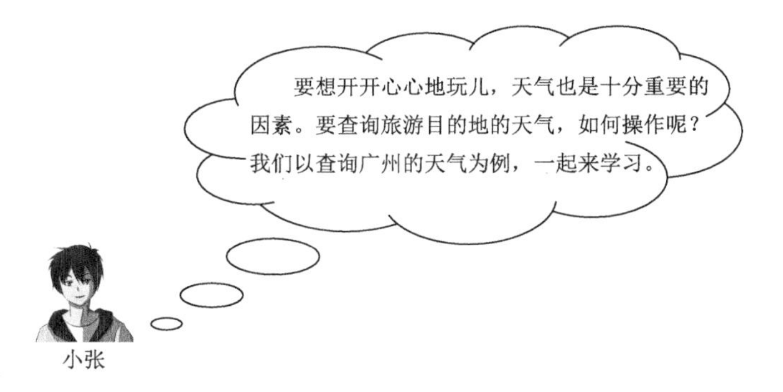

在旅游目的地“广州”界面，单击“天气”按钮，如图 3-3-50 所示。软件为我们提供查询日的天气情况，以及未来四天的天气预报，如图 3-3-51 所示。

如果我的旅行时间较长，想查询更多的天气情况怎么办呢？

在手机浏览器中的百度网首页搜索栏输入“天气预报”，如图 3-3-52 所示，然后单击“百度一下”按钮。这时浏览器显示出查询地当天的天气情况，如

图 3-3-53所示。单击“位置”，可以更换为我们需要查询的城市，在此我们选择“广州”，如图 3-3-54 所示。向上滑动屏幕，单击“一周天气预报”按钮或“15天天气预报”按钮，即可查询相应时间的天气情况。

图 3-3-50　单击天气

图 3-3-51　查看天气预报

图 3-3-52　搜索“天气预报”

图 3-3-53　查询地当天的天气情况

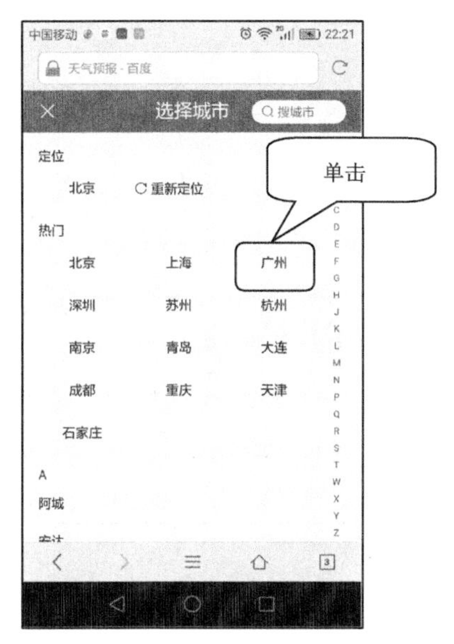

图 3-3-54　选择需要查询的城市

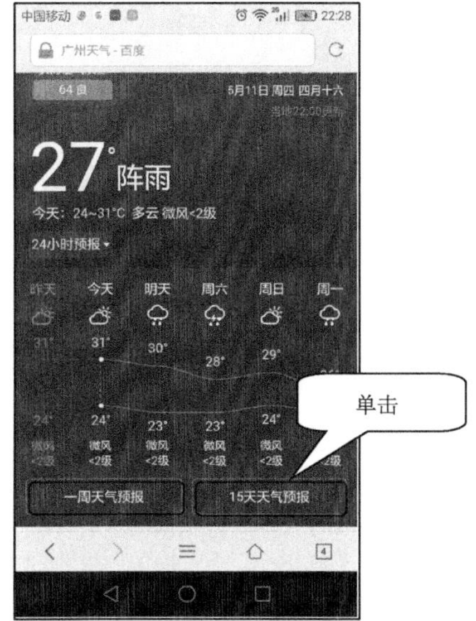

图 3-3-55　查询天气

练习题：

假设您将要从北京出发去上海，应该如何购买机票、火车票，如何预订酒店呢？如果您想去迪斯尼乐园看一看，应该怎样查询景点信息呢？

单元小结

本单元我们学习了用手机进行导航，查询实时公交信息，手机打车、预约车，购买机票、火车票，预订酒店，查询景点信息，查询天气情况等操作。大家都学会了吗？智能手机软件更新较快，会出现更多的新功能，希望大家根据所学的方法主动探究，主动学习，大胆实践，丰富自己的生活。

学习单元四 手机摄影

学习目标

知识目标

了解手机摄影常识，能够根据实际情况选择不同的手机摄影功能，熟悉手机摄影常用的操作方法。

能力目标

能使用手机摄影主要功能，能编辑处理简单的照片，会制作手机音乐相册。

情感目标

善于发现生活中的美好事物，热爱生活，提升自信。

学习重难点

学习重点

手机摄影拍摄方法，修图、美图、编辑等特效的操作方法。

学习难点

手机摄影拍摄技巧。

任务一　手机拍照

随着手机硬件技术的进步及拍照功能的多样化，在日常生活中，我们完全可以通过手机进行拍照。无论是景物摄影、人像摄影还是自拍，一款智能手机都能够帮您实现。当然，即便拥有一款智能手机，也需要注意一些拍照的小技巧，这样才能够获得更漂亮的照片。

活动一：拍摄静物

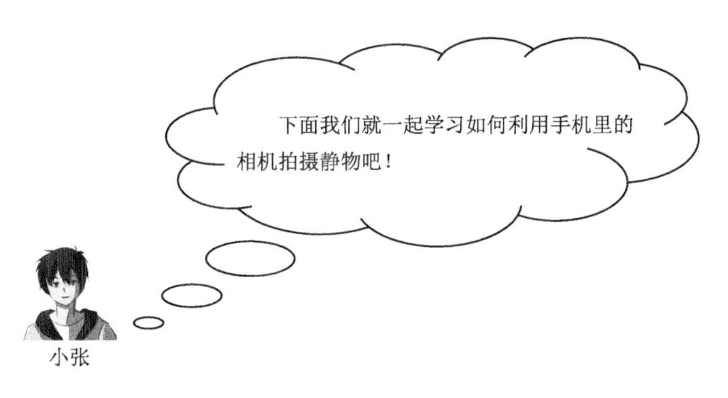

第一步：在手机屏幕上找到“相机”图标，如图 4-1-1 所示，单击进入。进入如图 4-1-2 所示拍摄画面后，单击“闪光灯”按钮。

图 4-1-1　单击“相机”图标

图 4-1-2　单击“闪光灯”按钮

第二步：如图 4-1-3 所示，单击按钮切换闪光灯功能，从左到右依次为强制不闪光、自动闪光、强制闪光及补光。

图 4-1-3　切换闪光灯功能

小贴士：闪光灯的作用是在较暗的环境中拍摄时，照亮静物，使镜头能捕捉到静物的轮廓。但是在拍摄玻璃制品时不要开启闪光灯，因为这样会造成反光。

第三步：用两根手指触摸屏幕上如图 4-1-4 所示的区域，向两侧滑动，出现如图 4-1-5 所示调节画面远近的界面，然后单击圆形按钮向右或向左拖动，往右拖动则画面变近，往左拖动则画面变远。

图 4-1-4　触摸屏幕

图 4-1-5　调节画面远近

第四步：单击如图 4-1-6 所示的“相机功能”按钮，进入如图 4-1-7 所示的界面，单击需要的相机功能，如 HDR、连拍选优等。

图 4-1-6　单击“相机功能”按钮

图 4-1-7　单击所需相机功能

第五步：单击屏幕上被拍摄的对象，进行对焦，对焦成功后会出现如图 4-1-8 所示的蓝色圆圈。最后，单击如图 4-1-9 所示的“拍照”按钮，完成拍照，照片自动保存到手机相册里。

图 4-1-8　手动对焦

图 4-1-9　单击“拍照”按钮

小贴士：拍照时可以寻找不同的拍摄角度来打破画面的单一性。多尝试一下正面、侧面、平视、仰视等多视角，会为你的摄影作品增添情趣。对比那些笨重的相机，这小小的手机不会成为负担，反而更有优势。

活动二：拍摄人像

第一步：在手机屏幕上找到“相机”图标，如图 4-1-10 所示，单击进入。然后单击屏幕上被拍摄的对象，进行对焦，对焦成功后会出现如图 4-1-11 所示的蓝色圆圈。

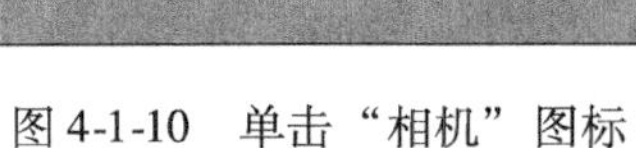
图 4-1-10　单击“相机”图标

图 4-1-11　手动对焦

第二步：单击如图 4-1-12 所示的“拍照”按钮，完成拍照，照片自动保存到手机相册里。

图 4-1-12　单击“拍照”按钮

小贴士：人像摄影的方法既有和其他种类的摄影共通的部分，也有自身的独特之处。特别要注意在拍摄时手不要抖动，并且尽量保证被拍摄者处于静止状态。

活动三：自拍

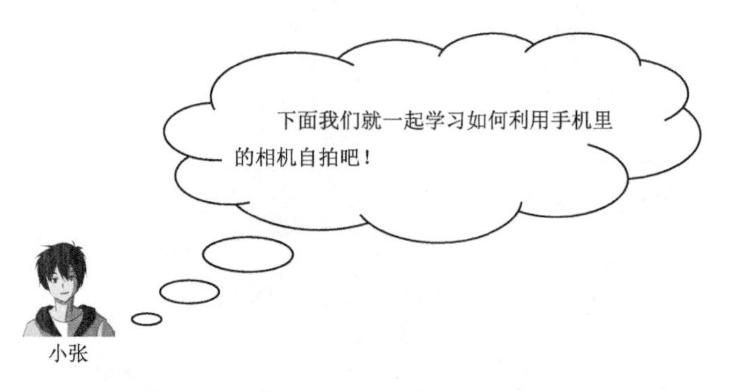

第一步：在手机屏幕上找到“相机”图标，如图 4-1-13 所示，单击进入。然后单击“前置摄像头”按钮，如图 4-1-14 所示。

图 4-1-13　单击“相机”图标

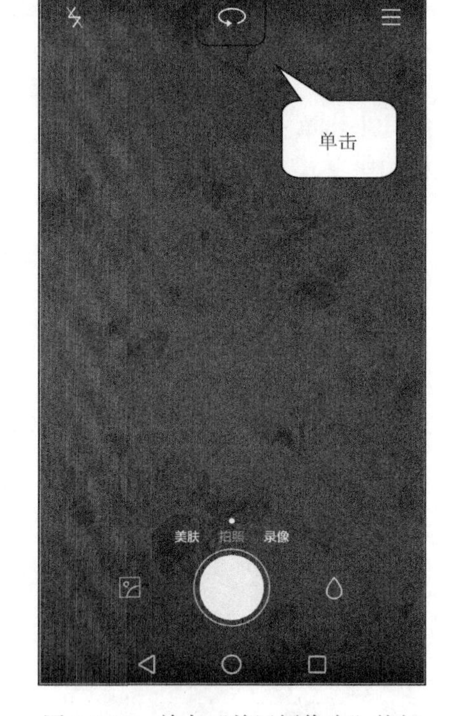

图 4-1-14　单击“前置摄像头”按钮

第二步：单击如图 4-1-15 所示的“拍照”按钮，完成拍照，照片自动保存到手机相册里。

图 4-1-15　单击拍照按钮

小贴士：手机的前置摄像头不仅可以用来自拍，还可以当作镜子，更可以满足视频通话的需求。

练习题：

请您运用以上拍摄方法拍摄一张景物或人像照片。

任务二　照片编辑

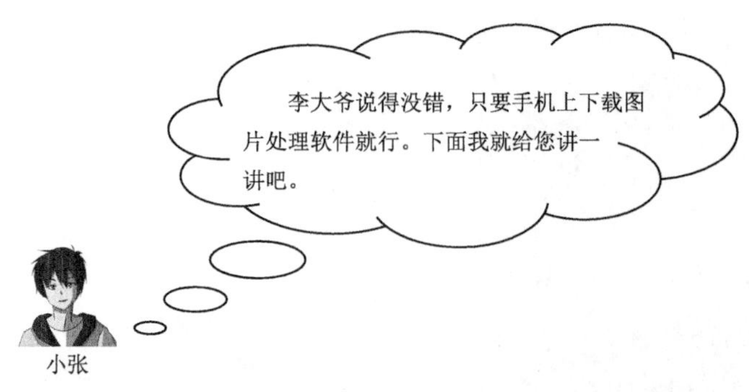

现在手机图片处理软件非常多，大众常用的包括美图秀秀、天天 P 图等，其功能大多集中在美化照片、人像美容、拼图等方面，并各有所长。美图秀秀应用界面直观，操作简单，图片美化功能做得比较好。天天 P 图添加了抠图及疯狂变妆等多项创新功能。虽然每一款软件都有自己的特色，但是无论是从软件的界面布局还是操作方式都很相似。您可以互相比较，选择一款自己觉得最好用的图片处理软件进行使用。

活动一：裁剪照片

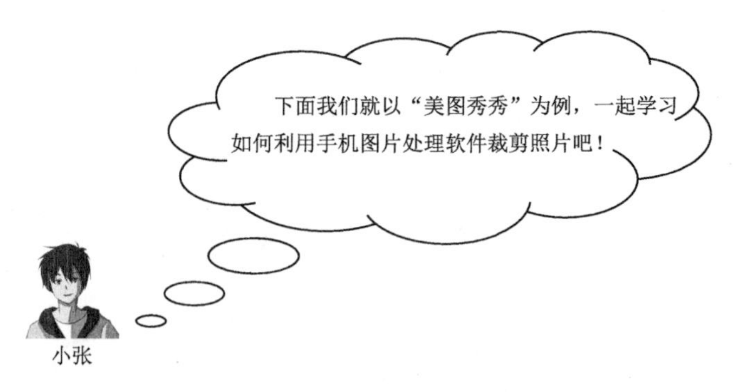

第一步：在手机屏幕上找到美图秀秀图片处理软件图标，如图 4-2-1 所示，单击进入，出现如图 4-2-2 所示的界面，然后单击“美化图片”按钮。

第二步：进入如图 4-2-3 所示的相册界面后，单击要进行美化的照片，切换到如图 4-2-4 所示的美化照片界面。

第三步：如图 4-2-5 所示，单击“编辑”按钮，就进入到如图 4-2-6 所示的图片编辑界面，默认自动进入裁剪功能后，单击裁剪图片所用的比例。

第四步：再单击照片并上下挪动，在图框里选择被裁剪后的画面，然后依次单击“确定裁剪”及“√”按钮，如图 4-2-7 所示。随后进入如图 4-2-8 所示的界面，完成裁剪。

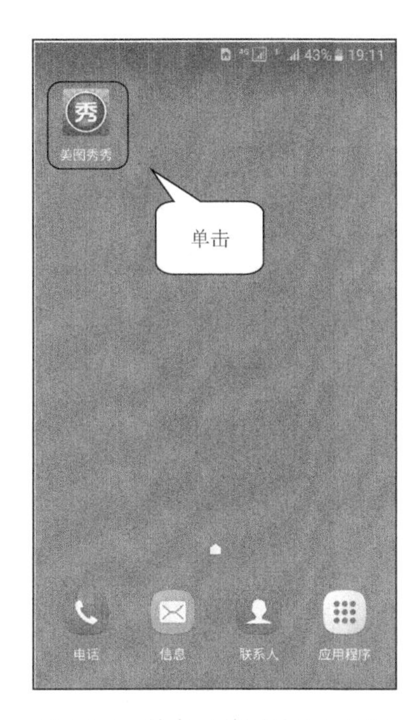

图 4-2-1　单击“美图秀秀”图标

图 4-2-2　单击“美化图片”按钮

图 4-2-3　单击照片

图 4-2-4　美化照片界面

图 4-2-5　单击“编辑”按钮

图 4-2-6　单击裁剪比例

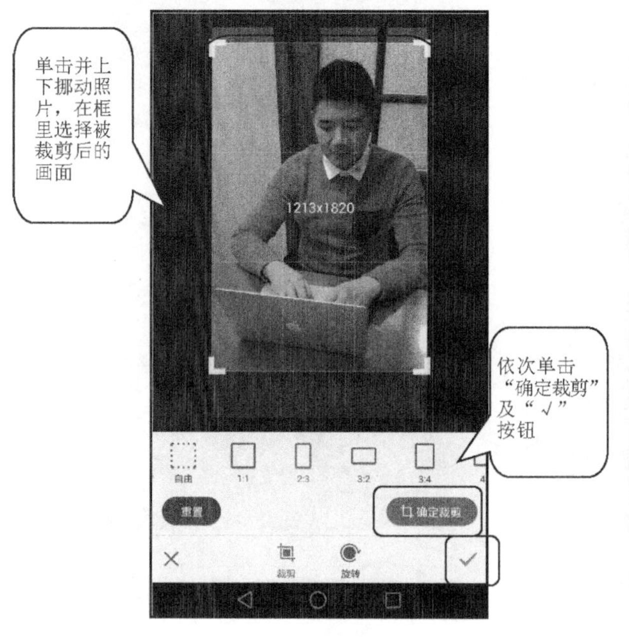

图 4-2-7　单击“确定裁剪”按钮

图 4-2-8　完成裁剪

活动二：美化照片

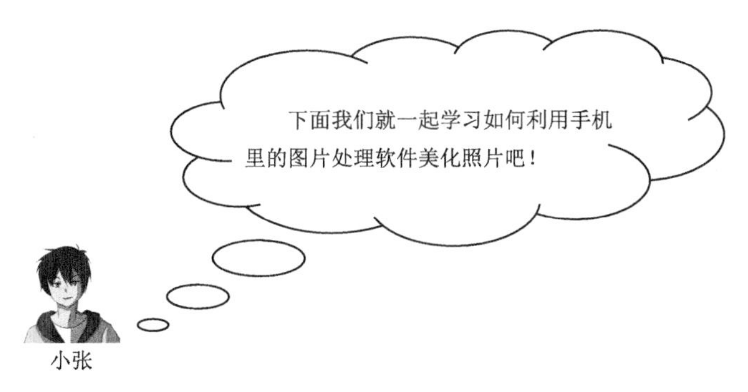

第一步：在如图 4-2-9 所示美化照片界面中，单击“特效”按钮，切换到如图 4-2-10 所示特效界面。

图 4-2-9　单击特效按钮

图 4-2-10　特效界面

第二步：单击如图 4-2-11 所示区域，向左或右滑动，再单击特效的类别，如美颜、趣玩 LOMO、格调生活、艺术风情等。选择完特效类别后，单击如图 4-2-12 所示区域，向左滑动，再单击具体的特效。

第三步：选择完具体的特效后，再次单击该特效，出现如图 4-2-13 所示调节美颜及特效程度的界面。然后，向左或向右拖动两个圆形按钮，调节照片的美颜及特效程度，如图 4-2-14 所示。向左拖动，则美颜及特效程度减弱，向右拖动，则美颜及特效程度加强。

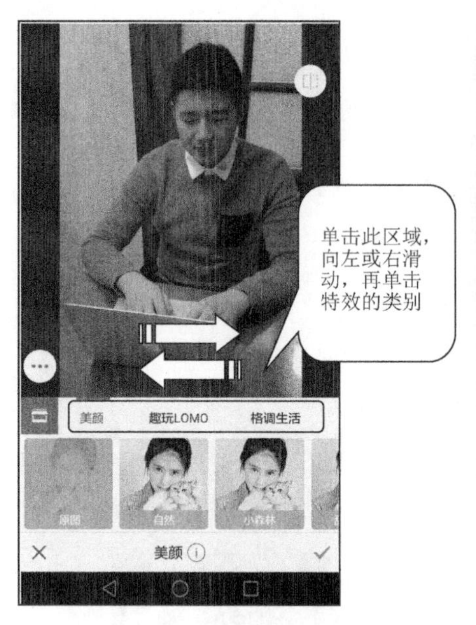

图 4-2-11　单击特效的类别

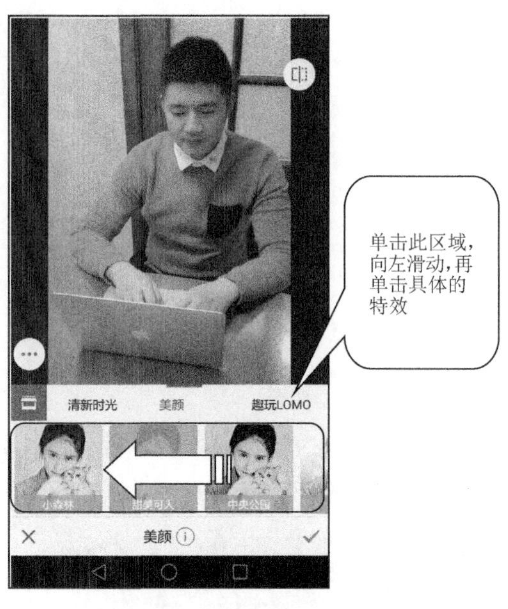

图 4-2-12　单击具体的特效

图 4-2-13　再次单击该特效

图 4-2-14　拖动圆形按钮

第四步：如图 4-2-15 所示，单击“√”按钮，随后进入如图 4-2-16 所示的界面，完成添加特效。

图 4-2-15　单击“√”按钮

图 4-2-16　完成添加特效

活动三：添加水印

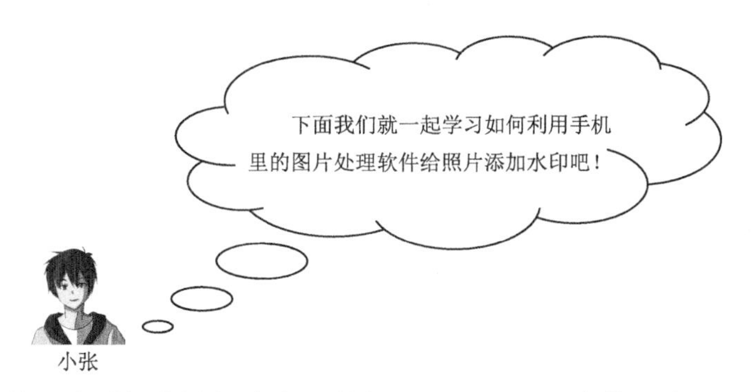

给自己的照片添加个性的水印，能够防止陌生人随意使用自己的照片，不仅能够防盗，还起到美化点缀的作用。

第一步：在如图 4-2-17 所示的美化照片界面中，单击图中所示的区域，向左滑动，切换到如图 4-2-18 所示的界面，然后单击“文字”按钮。

第二步：在添加文字界面中，默认进入添加水印功能，单击如图 4-2-19 所示的区域，向左滑动，随后进入如图 4-2-20 所示的界面，单击喜欢的文字模板。

图 4-2-17　向左滑动

图 4-2-18　单击“文字”按钮

图 4-2-19　向左滑动

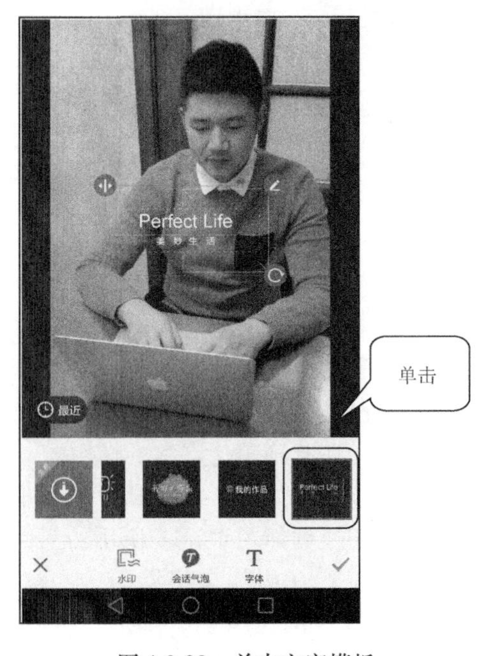

图 4-2-20　单击文字模板

第三步：如图 4-2-21 所示，用两根手指按住文字模板，可向两边或中间滑动。向两边滑动，则文字变大；向中间滑动，则文字变小。然后单击文字模板，拖动到合适的位置，最后单击“√”按钮，随后进入如图 4-2-22 所示的界面，完成添加水印。

图 4-2-21　设置文字　　　　图 4-2-22　完成添加水印

活动四：拼接照片

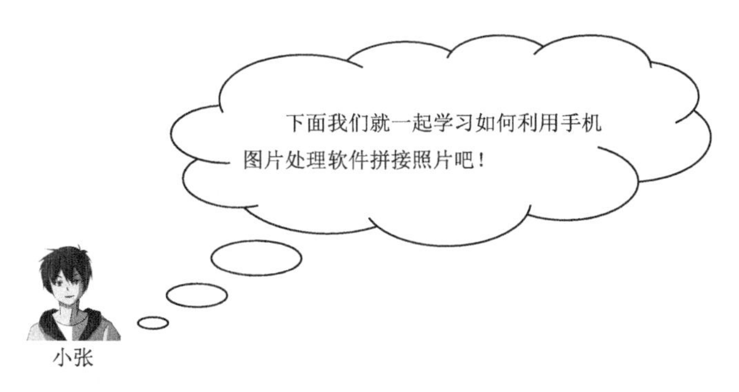

第一步：在如图 4-2-23 所示的界面中，单击图中所示的区域，向左滑动，切换到如图 4-2-24 所示界面，然后单击“拼图”按钮。

第二步：在如图 4-2-25 所示的相册中，依次单击要选用的照片，最多选 9 张。然后单击“开始拼图”按钮，随后进入到如图 4-2-26 所示的拼图界面，拼图有四种方式可选：模板、自由、海报和拼接。

图 4-2-23　向左滑动

图 4-2-24　单击“拼图”按钮

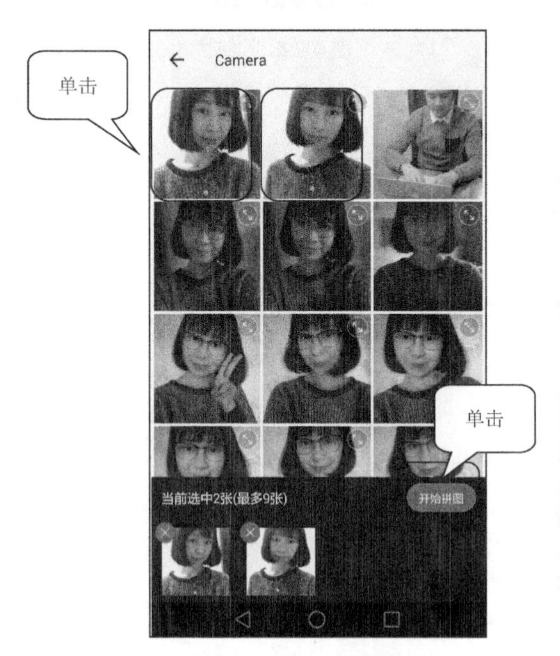

图 4-2-25　单击要选用的照片

图 4-2-26　拼图界面

第三步：以模板方式为例。在如图 4-2-27 所示的拼图界面中，软件默认使用“模板”方式进行拼图，单击“选边框”按钮。随后进入如图 4-2-28 所示的

“边框列表”界面，单击喜欢的边框素材。

图 4-2-27　单击“选边框”按钮

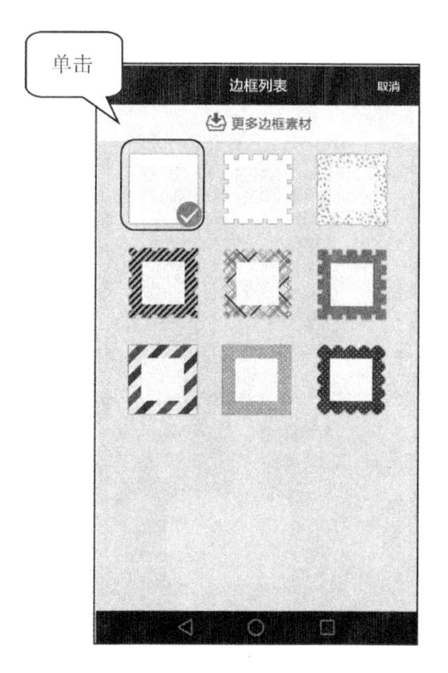

图 4-2-28　单击边框素材

第四步：然后在如图 4-2-29 所示的界面中，单击“选模板”按钮，随后进入如图 4-2-30 所示的选模板界面。

图 4-2-29　单击选模板

图 4-2-30　选模板界面

第五步：在如图4-2-31所示的选模板界面中，单击喜欢的模板，随后进入如图4-2-32所示的界面，然后单击右上角“保存/分享”按钮，完成拼图。

图4-2-31　单击模板

图4-2-32　完成拼图

第六步：单击如图4-2-33所示的社交软件按钮，可将照片分享到各社交平台。

图4-2-33　分享照片

小贴士：在分享多张图片时，为了省时省力，就可以选择“模板”拼图，但是如果用自拍照填满模板，画面会显得很拥挤。可以将自拍照与静物图相搭配，这样照片的效果就会让人眼前一亮。

练习题：

请您从相册里选择几张照片，并运用以上照片编辑方法对这组照片进行美化与拼接。

任务三 音乐相册

手机电子相册制作工具可以帮助您将手机中的照片制作成精美的电子相册，以视频的格式播放出来，让您更好地记录生活中的美妙瞬间。目前，常用的手机电子相册制作软件有小影、魔力相册等，每款手机电子相册软件各有所长。小影不仅能编辑照片，还有强大的视频剪辑功能。魔力相册使用起来十分简单，只需几步就可以帮助您轻松制作出精美的电子相册视频。

活动一：制作音乐相册

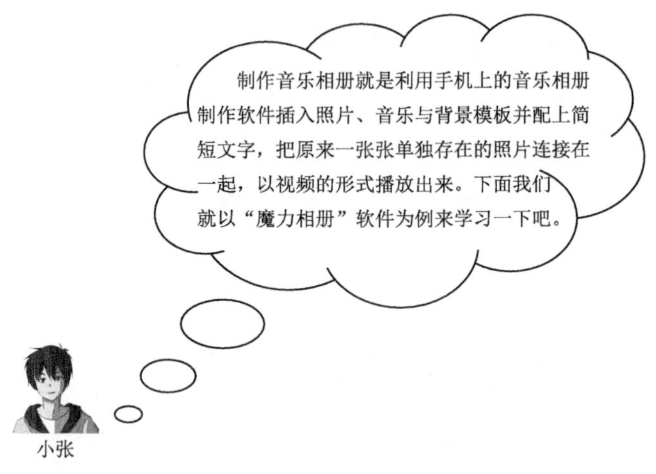

第一步：在手机屏幕上找到“魔力相册”软件图标，如图 4-3-1 所示，单击进入。若是初次使用此软件，可以通过微信账号进行登录，如图 4-3-2 所示。

图4-3-1　单击“魔力相册”软件图标

图 4-3-2　通过微信账号登录

第二步：初次进入“魔力相册”软件后，会弹出一个选择框，如图 4-3-3所示。单击“好”按钮同意软件访问手机相册，就进入了如图 4-3-4 所示的音乐相册制作界面。

图 4-3-3　单击“好”按钮同意软件访问手机相册　　图 4-3-4　音乐相册制作页面

第三步：在音乐相册制作界面，如图 4-3-5 所示单击屏幕上的“创建相册”按钮，进入照片选择界面，如图 4-3-6 所示，可以在手机相册中逐一单击选择想要制作成音乐相册的照片。

图 4-3-5　单击“创建相册”按钮　　图 4-3-6　照片选择界面

第四步：在照片选择界面，如图 4-3-7 所示单击选择一张自己想要做成电子音乐相册的照片，就会自动添加到屏幕下方的虚线方框内，作为您将要制作的音乐相册中的一张照片。按照同种方法操作，您可以添加完成制作本次电子音乐相册所要选择的全部照片，如图 4-3-8 所示。

图 4-3-7　选择照片添加到即将创建的相册

图4-3-8　添加完成全部照片

第五步：在照片选择添加过程中，如图 4-3-9 所示，单击已经添加的照片右上角的“×”按钮，可以删除所选择的照片，重新进行选择添加。

第六步：将要制作电子音乐相册的照片选定后，单击屏幕上的“创建相册”按钮，开始创建自己的电子音乐相册，如图 4-3-10 所示。

图 4-3-9　删除错选照片的方法

图 4-3-10　创建电子音乐相册

第七步：创建的过程需要几秒钟的时间，如图 4-3-11 所示，软件正在自动创建相册。创建完成后，如图 4-3-12 所示，就会自动播放您的电子音乐相册。

图 4-3-11　正在创建相册

图 4-3-12　自动播放的相册界面

活动二：美化音乐相册

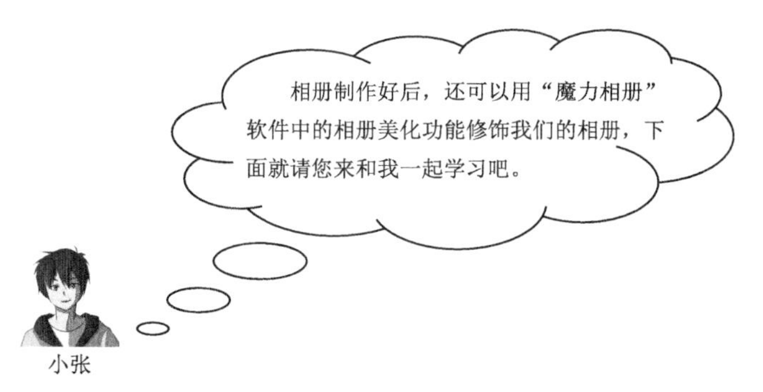

第一步：在相册自动播放界面的最下端，还有三个按钮可以对已经生成的相册进行更改。假设单击如图 4-3-13 所示的“模板”按钮，即可进入到如图 4-3-14所示的模板选择更换界面。

第二步：上下滑动屏幕，浏览所有模板，如图 4-3-15 所示，可以单击选择喜欢的模板，软件会自动为您的相册更换模板，如图 4-3-16 所示。

图 4-3-13　单击“模板”按钮

图 4-3-14　模板选择更换界面

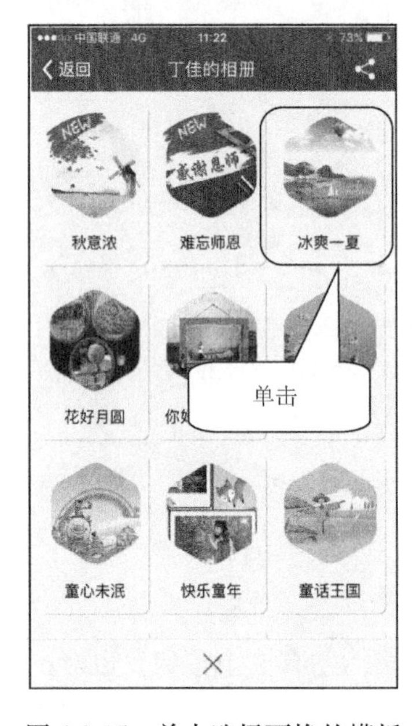

图 4-3-15　单击选择更换的模板

图 4-3-16　更换模板后的相册

第三步：如图 4-3-17 所示，单击屏幕下方的“音乐”按钮，进入相册背景音乐更换界面，如图 4-3-18 所示。

图 4-3-17　单击“音乐”按钮

图 4-3-18　音乐更换界面

第四步：上下滑动屏幕，浏览软件提供的音乐名称。如图 4-3-19 所示，单击播放按钮进行试听，选择好自己喜欢的音乐后，单击屏幕下方的“√”按钮，如图 4-3-20 所示，即可替换之前软件自动生成相册时的背景音乐。

图 4-3-19　单击对音乐进行试听

图 4-3-20　确定更换音乐

第五步：如图 4-3-21 所示，单击屏幕下方的“相片”按钮，进入到如图 4-3-22所示的照片修改界面。

图 4-3-21　单击“相片”按钮

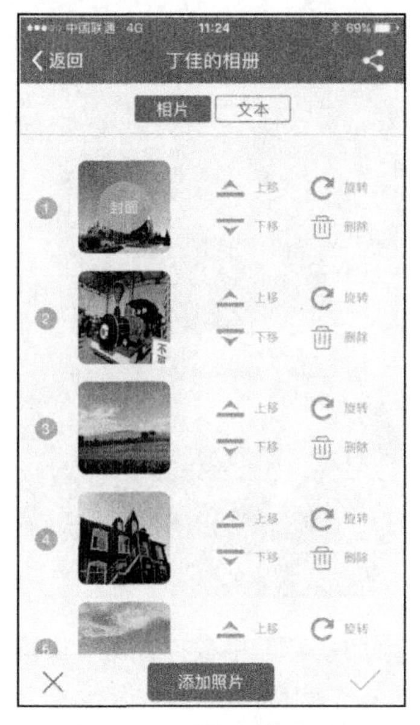

图 4-3-22　照片修改界面

第六步：在照片修改界面，如图 4-3-23 所示，您可以对照片出现顺序进行调整，还可以让照片旋转角度出现；如图 4-3-24 所示，或是对照片进行添加或删除。

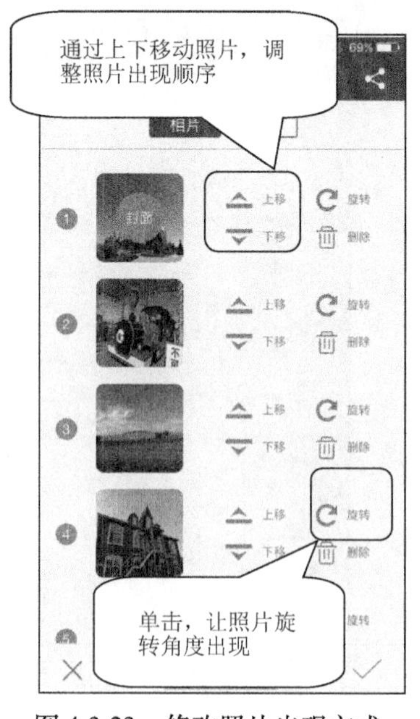

图 4-3-23　修改照片出现方式

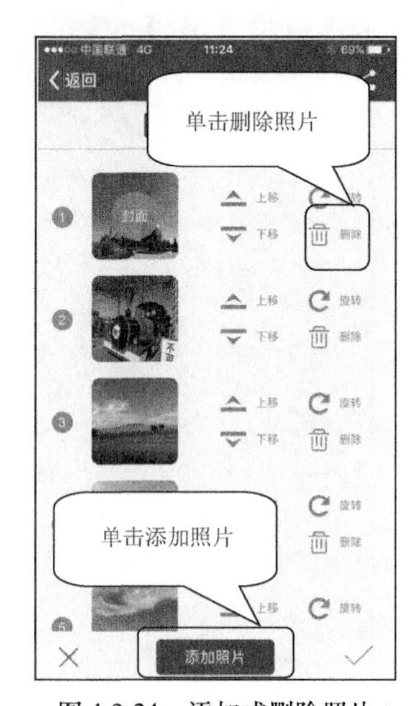

图 4-3-24　添加或删除照片

第七步：在照片修改界面，如图 4-3-25 所示，若单击“文本”按钮，进入到如图 4-3-26 所示的文本添加界面。

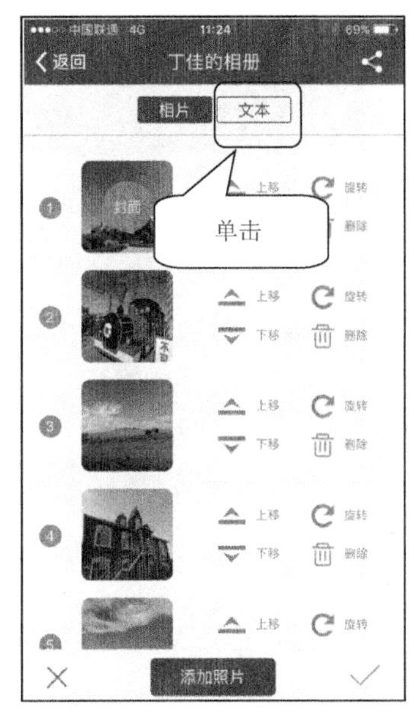

图 4-3-25　单击“文本”按钮

图 4-3-26　文本添加界面

第八步：如图 4-3-27 所示，单击“添加文本”按钮，可以在如图 4-3-28 所示的对话框内输入您对这些照片的感受或是想要记录的内容。

图4-3-27　单击“添加文本”内容

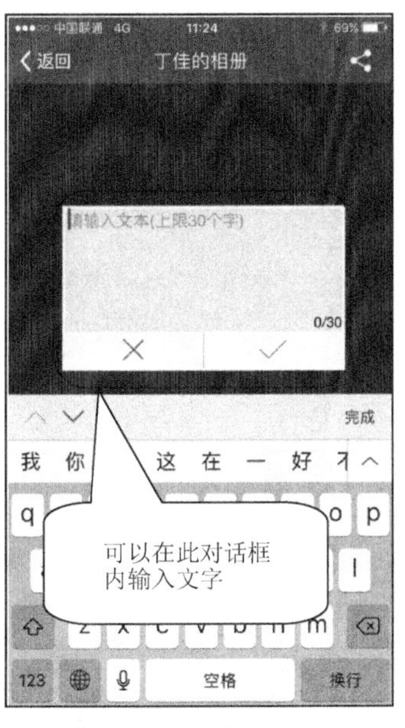

图 4-3-28　输入文字

第九步：如图 4-3-29 所示，输入文字后，单击“√”按钮，进入到如图 4-3-30所示的界面，再单击屏幕右下方的“√”按钮，保存之前对照片及文本内容进行的修改。

图 4-3-29　保存输入的文本内容

图 4-3-30　保存照片及文本内容

电子音乐相册软件会自动播放已做好的音乐相册。

活动三：保存分享相册

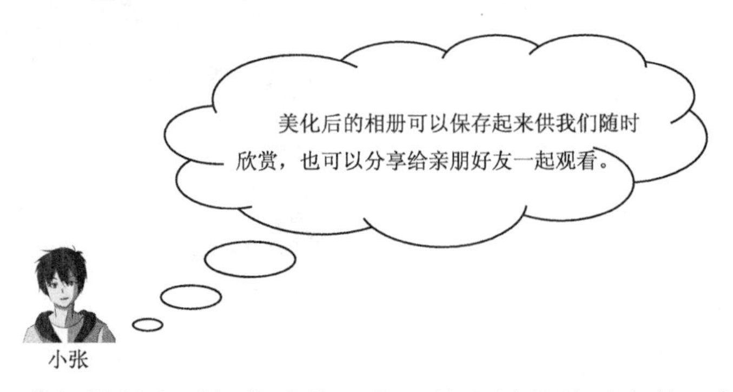

第一步：若相册没有再想修改的地方，单击屏幕最下方的“保存”按钮，如图 4-3-31 所示，可对相册进行保存。

第二步：单击“保存”按钮后，如图 4-3-32 所示，可以在弹出的对话框内给自己制作的相册取个名字。

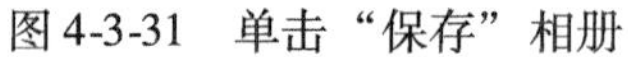
图 4-3-31　单击“保存”相册

图 4-3-32　输入相册名称

第三步：输入相册名称后，如图 4-3-33 所示，单击“√”按钮进行保存。

第四步：保存成功后，会出现如图 4-3-34 所示的界面，单击“分享”按钮，可以分享到微信朋友圈和发送给微信好友；若单击“一键打印”按钮，可以把所制作成相册的画面打印出来。

图 4-3-33　单击保存

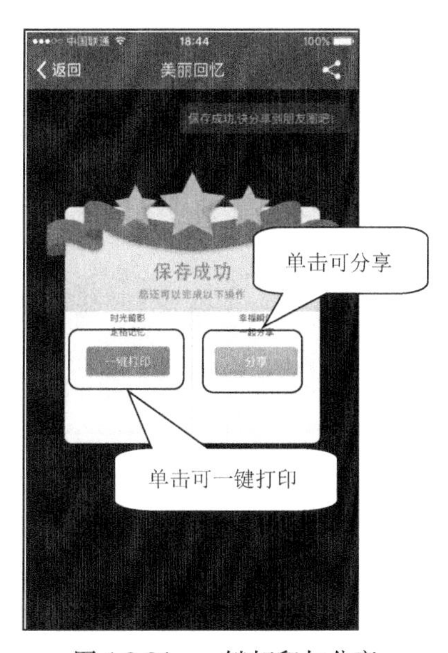

图 4-3-34　一键打印与分享

第五步：制作完成的电子音乐相册不仅可以通过微信进行分享，还可以在音乐相册制作软件中找到。如图 4-3-35 所示，在音乐相册制作软件主界面，单击“我的相册”按钮，进入到如图 4-3-36 所示的“我的相册”界面，找到自己制作完成的电子音乐相册，可以反复欣赏或是再次进行修改。

图 4-3-35　单击“我的相册”按钮

图 4-3-36　进入“我的相册”界面

练习题：

请您拿起手机，运用上述方法制作一个属于自己的个性音乐相册吧。

单元小结

本单元我们学习了用手机自带相机拍静物、人像以及自拍功能。在学习了手机拍照的基础上，进一步为您介绍了照片的编辑与美化、音乐相册制作方法。大家都学会了吗？智能手机软件更新较快，会出现更多的新功能，希望大家根据所学的方法主动探究，主动学习，大胆实践，丰富自己的生活。

学习单元五 手机音视频录制

学习目标

知识目标

了解手机常用的音视频应用软件，熟悉并掌握用手机录制音视频文件的操作方法。

能力目标

学会用手机进行电话录音，手机外环境录音，手机视频录制及相关的保存、分享等操作。

情感目标

自由录制，轻松保存或分享，留下对自己有用的音视频。

学习重难点

学习重点

手机音视频录制操作的功能和基本使用方法。

学习难点

手机音视频的操作技巧。

任务一　手机音频录制

手机不仅能打电话，还可以进行录音。手机的录音功能可以满足人们的不同需要。比如，一个重要的应用就是留存证据。还可以保留亲人的声音，并且可以把声音设置为铃声等。一般来说，国内的手机厂商出售的智能手机在拨打或者接听电话时，其自带的通话软件都可以对通话内容进行录音。下面我们就以华为手机为例讲解一下手机通话录音的使用方法。

活动一：手机通话录音

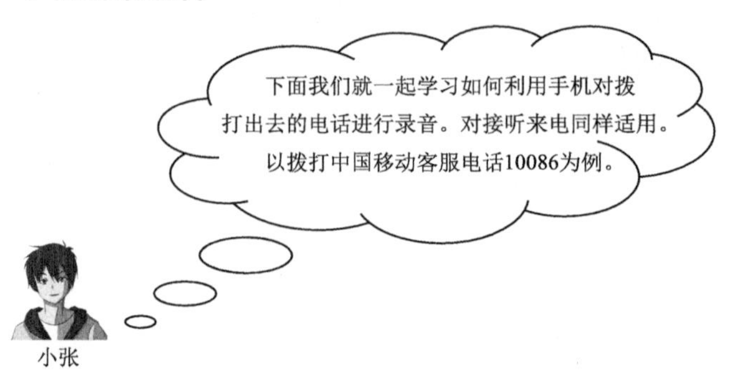

第一步：拨打 10086，在响铃阶段，看看是否有“录音”图标按钮。如图 5-1-1和图 5-1-2 所示。

图 5-1-1　拨打 10086

图 5-1-2　“录音”图标按钮

小贴士：若接听对方电话，双方通话接通后，看看是否有“录音”图标按钮，若没有，单击右下角“更多”就可看见。

第二步：单击屏幕上的“录音”图标按钮，如图 5-1-3 所示，显示正在录音，如图 5-1-4 所示。

图 5-1-3　单击“录音”图标按钮

图 5-1-4　显示正在录音

第三步：单击屏幕下方的红色话筒图标按钮，如图 5-1-5 所示，通话结束。

在通知栏会提示“通话已录音”，单击即可播放保存的录音文件，如图 5-1-6 所示。

图 5-1-5　单击话筒图标按钮　　　　图5-1-6　“通话已录音”提示

第四步：自屏幕顶端向下划动，打开通知栏，播放该录音，如图 5-1-7 所示。

图 5-1-7　单击播放录音

小贴士：录音文件的命名组成：录制次数、电话号码、通话时间。

第五步：长按录音文件几秒，屏幕下方会出现对该文件操作的相应菜单，如图 5-1-8 所示。单击“分享”按钮，如图 5-1-9 所示。

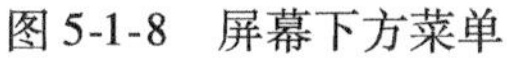

图 5-1-8　屏幕下方菜单　　　图 5-1-9　分享界面

第六步：如果手机安装了 QQ，单击“发送给好友”图标按钮，就会打开 QQ，可以发送该文件到选择的好友或者“我的电脑”。如果安装了微信，在分享界面滑动出现的另一屏中单击“添加到微信收藏”，可把该文件放到微信收藏文件夹中。

第七步：通过文件管理也可以查看录音文件的具体信息。单击“文件管理”图标，如图 5-1-10 所示，在出现的页面中单击“音频”图标按钮，如图 5-1-11 所示。

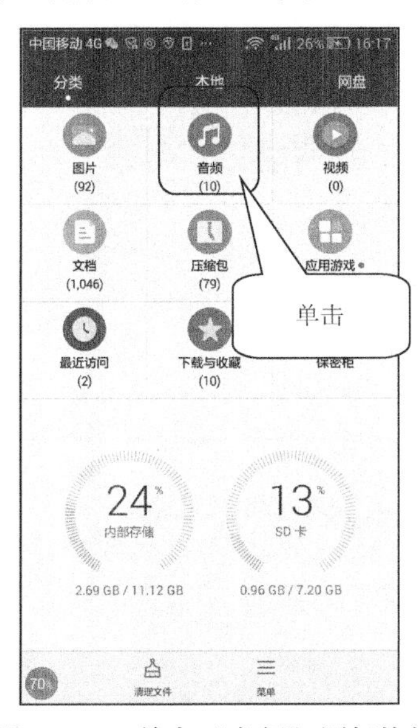

图 5-1-10　单击文件管理　　　图 5-1-11　单击“音频”图标按钮

第八步：找到录制的文件，长按几秒选中（文件名后出现√），如图 5-1-12 所示，单击右下方的“菜单”图标按钮，出现如图 5-1-13 所示的界面，单击“详情”。

图 5-1-12　单击“菜单”图标按钮

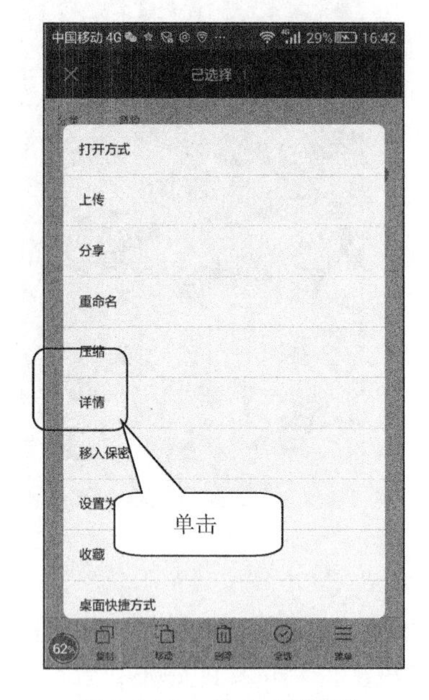

图 5-1-13　单击“详情”

第九步：在列出的菜单中单击“详情”后，出现如图 5-1-14 所示界面。

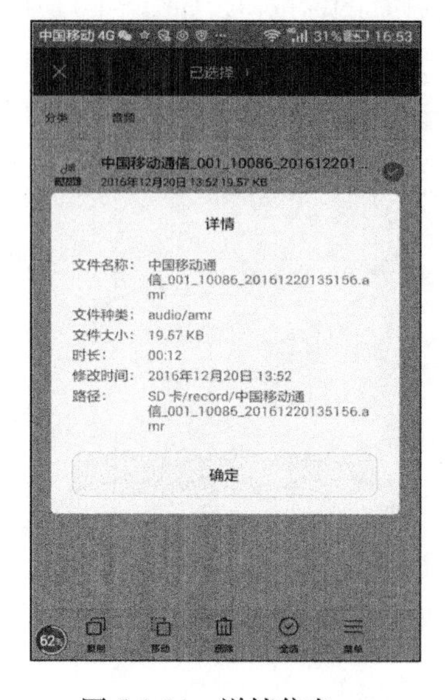

图 5-1-14　详情信息

小贴士：文件种类的作用是在今后用什么软件能打开该文件。

路径的作用是告诉用户该文件存放在哪里。

修改时间一般是录制时的时间。

至此，我们对该文件的所有信息一目了然了。今后可以通过“手机助手”之类的软件把该文件复制到电脑上，再通过优盘收藏起来。

活动二：场景录音

国内的智能手机厂商都提供了一些实用工具软件，其中的录音机软件可以让你的手机变成录音机。通过设置录音机场景，可以在普通、会议、采访、演唱会等不同的环境下轻松录制。

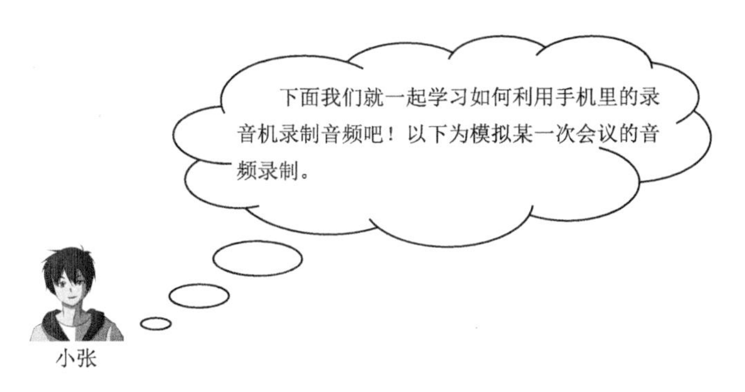

第一步：在手机“实用工具”中找到“录音机”软件。单击“实用工具”，如图 5-1-15 所示，出现如图 5-1-16 所示的“录音机”图标。

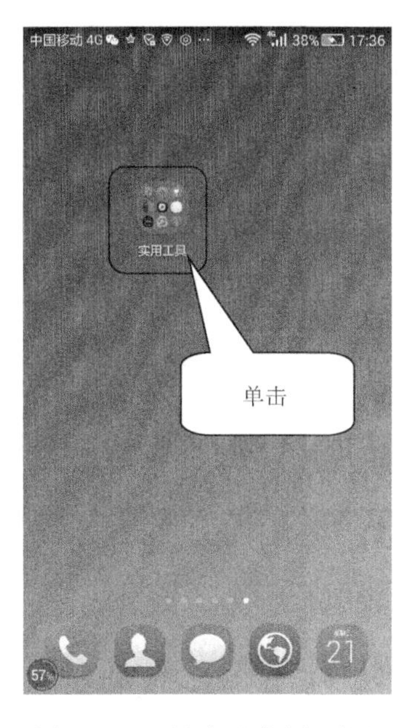

图 5-1-15　单击“实用工具”　　　图 5-1-16　“录音机”图标

第二步：单击“录音机”图标按钮，打开录音机软件。进入图 5-1-17 所示的界面。单击“录音机”软件界面左上角“设置”图标开始设置录音环境。进入图 5-1-18 所示的设置“会议”录音模式。

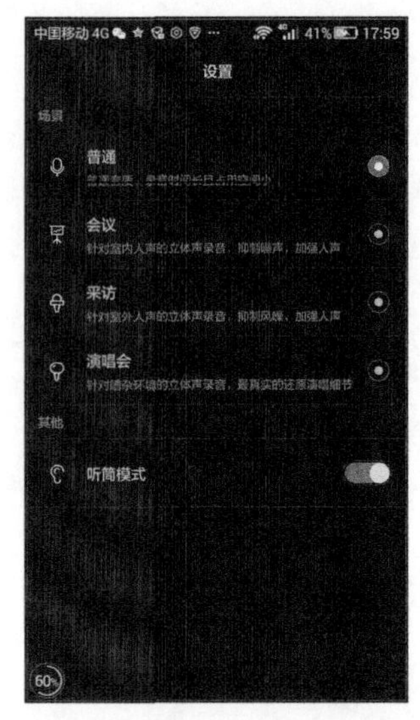

图5-1-17　单击“设置”图标　　图 5-1-18　设置“会议”录音模式

小贴士：不同环境的设置主要体现在录音音质效果上。普通录音可以录制很长时间且占用存储空间小；会议录音针对室内；采访录音针对室外；演唱会录音针对高保真的立体声效果要求。

第三步：单击“会议”设置为会场环境后，单击手机返回键，回到等待录制状态，如图 5-1-19 所示。

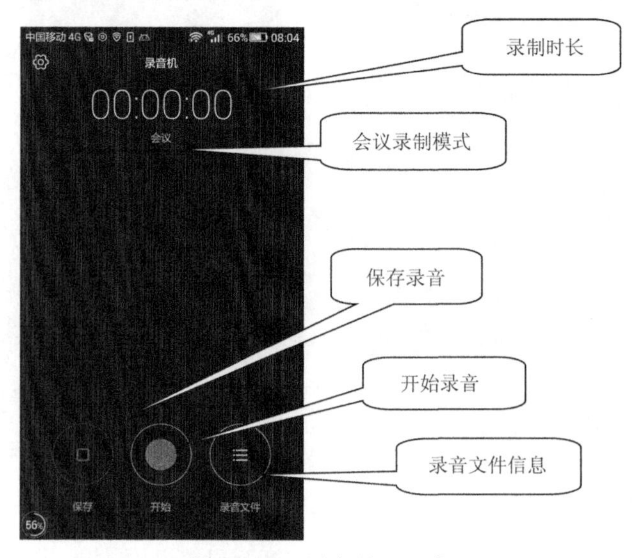

图 5-1-19　录音界面组成

第四步：单击红色录音图标按钮开始录音。如图 5-1-20 所示，录制的过程中声音的波形一直在起伏闪烁，录音按钮下的文字变为暂停。中间某段不想录，可单击暂停录制按钮。

第五步：继续录音，单击红色录音图标按钮接着录制，如图 5-1-21 所示；结束录制，单击“保存”图标按钮。

图 5-1-20　正在录音界面

图 5-1-21　暂停录音界面

结束录音后，单击“保存”按钮，出现如图 5-1-22 所示的界面。在输入框输入新名称为录音文件起名，如图 5-1-23 所示，然后单击“确定”按钮。

图 5-1-22　单击“保存”按钮后出现的界面

图 5-1-23　输入录音文件名

第六步：单击底部“录音文件”图标按钮，出现如图 5-1-24 所示的录音文件列表界面。

至此，录音结束。我们可以单击播放按钮播放，长按文件名显示更多菜单项，可以分享，可以设为来电铃声等均如电话录音后期那样进行操作。

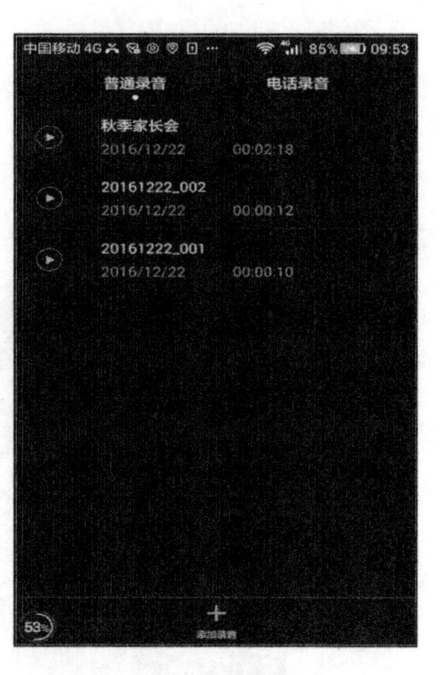

图 5-1-24 更名后的录音文件

练习题：

1. 请尝试用座机拨打手机，录制通话，并将录音文件保存到电脑上，再尝试着分享到微信收藏夹。

2. 请使用手机录音机录制一段电视新闻，并使用手机“文件管理”功能查看并播放录制的文件，再和 QQ 好友分享录制的新闻。

任务二 手机视频录制

随着智能手机的摄像头分辨率越来越高，图像影像处理技术越来越好，用手机录像的人们越来越多。现在很多智能手机自带的相机软件通常都是拍照、摄像融合在一起满足人们的娱乐需求，其中的相机软件可以让你的手机变成数码相机。如果自带相机不能满足对录像的要求，也可以另外下载手机录像软件。如美拍、拍大师、百度大导演等软件，这些软件各有特色，通过模板可以为视频添加一些特殊效果。而相机软件拍摄的视频则原汁原味。

活动一：摄像前期准备

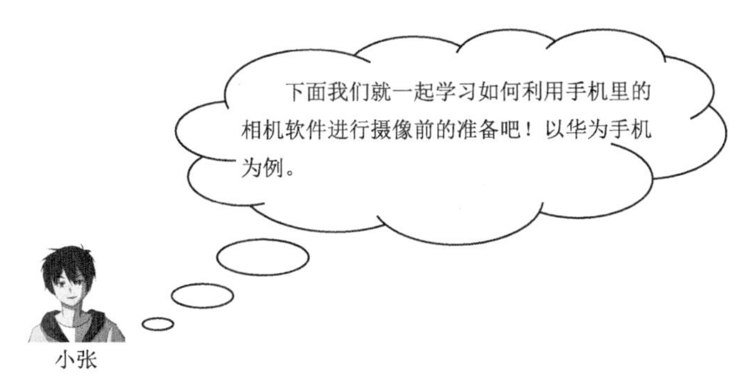

第一步：在手机中找到相机软件，如图 5-2-1 所示，单击“相机”图标，打开“相机”界面，如图 5-2-2 所示。

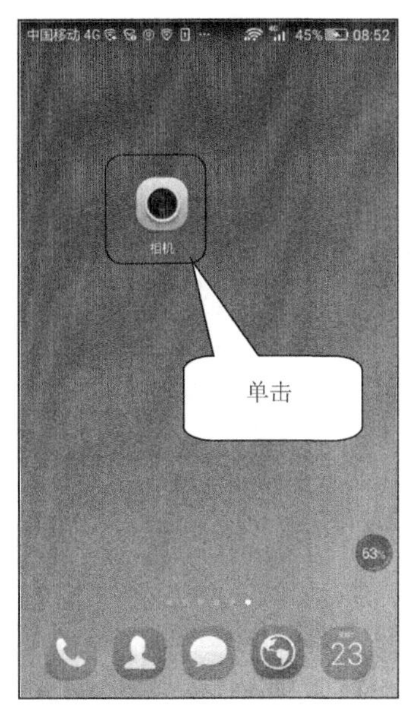

图 5-2-1　单击“相机”图标

图 5-2-2　打开相机界面

第二步：单击“录像”，从拍照模式切换到录像模式，如图 5-2-3 所示。单击屏幕右上角“菜单”图标按钮，先做摄影前的一些准备工作，如图 5-2-4 所示。

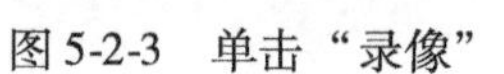

图 5-2-3　单击“录像”

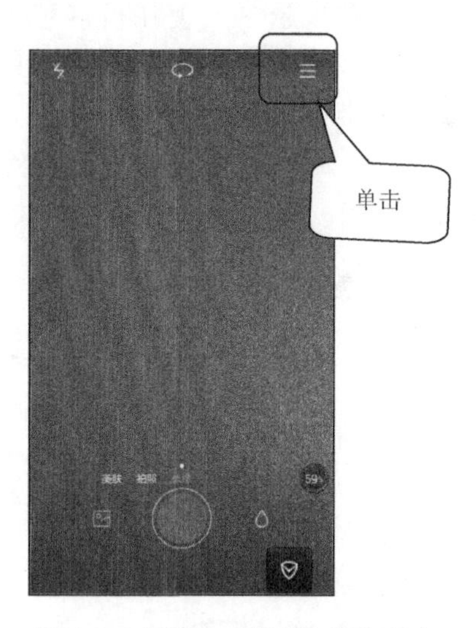

图 5-2-4　单击“菜单”图标按钮

第三步：单击下方的“设置”图标按钮设置视频分辨率，如图 5-2-5 所示。单击“分辨率”，如图 5-2-6 所示。

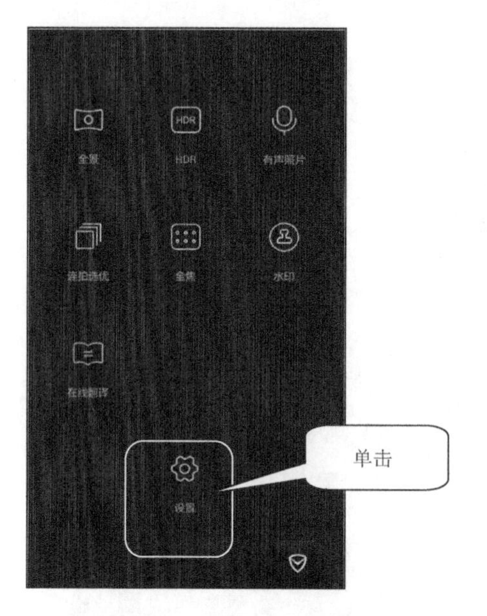

图 5-2-5　单击“设置”

图 5-2-6　单击“分辨率”

第四步：根据手机的存储大小及拍摄的视频清晰度进行合理设置，如图 5-2-7 所示。

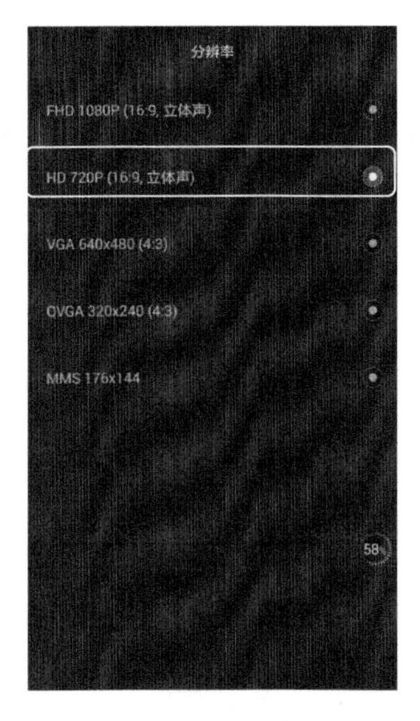

图 5-2-7　设置分辨率为 HD 720P

小贴士：分辨率越高，视频越清晰，但视频文件所占的存储空间就越多。

图 5-2-7 中列表从上向下分辨率逐步降低。

第五步：设置“优先存储位置”，可根据存储卡的大小进行选择。一般选择 SD 卡，因为该卡更换容易，容量可扩充，通过读卡器可方便传输。单击“优先存储位置”，如图 5-2-8 所示，在出现的界面中单击“SD 卡”，如图 5-2-9 所示。

图 5-2-8　设置视频“优先存储位置”

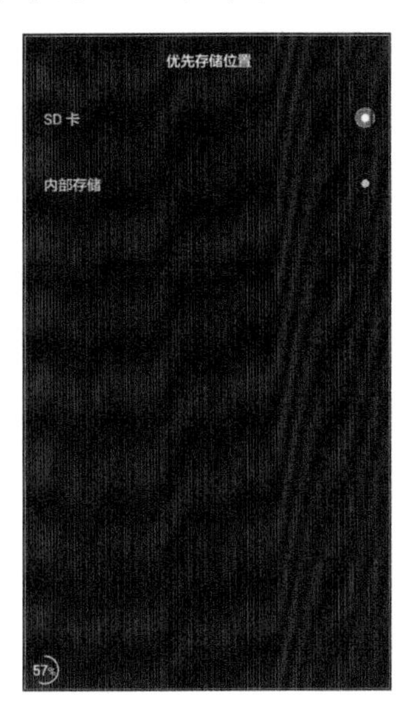

图 5-2-9　选择“SD 卡”

第六步：单击设置“视频美肤”，如图 5-2-10 所示。单击设置“目标跟踪”，如图 5-2-11 所示。

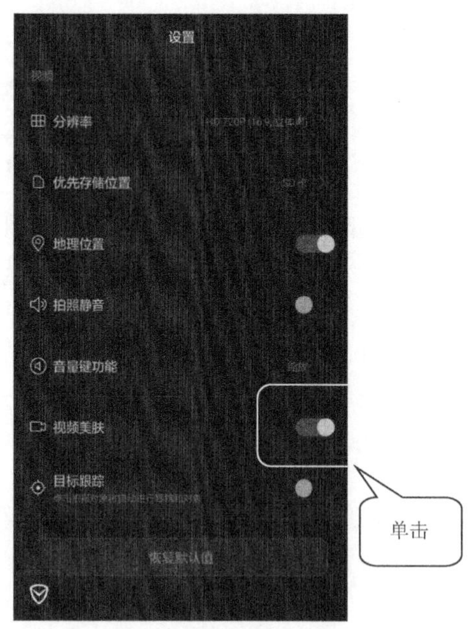

图 5-2-10　单击设置“视频美肤”

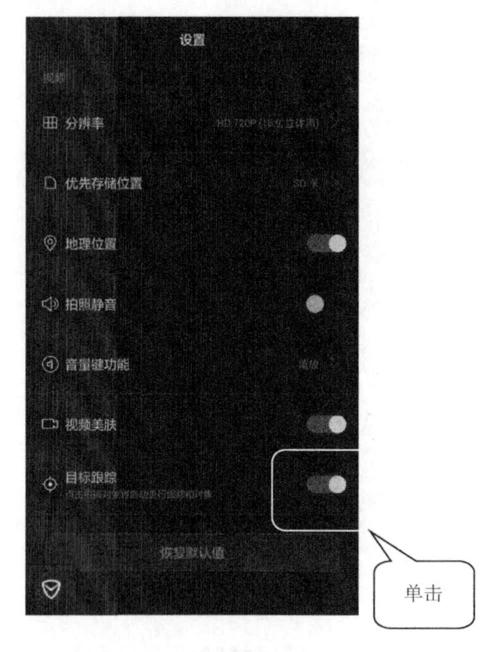

图 5-2-11　单击设置“目标跟踪”

活动二：拍摄视频

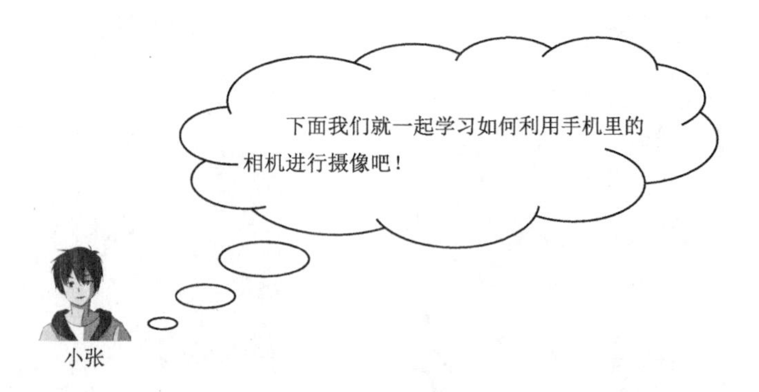

第一步：单击返回键回到摄像界面。单击下方的红色按钮，开始摄像，如图 5-2-12 所示。在拍摄过程中，可以走动、移动手机，收录你想要的画面。旁边的暂停按钮可以暂停正在进行的拍摄，如图 5-2-13 所示，再次单击可以接着刚才的画面继续拍摄。

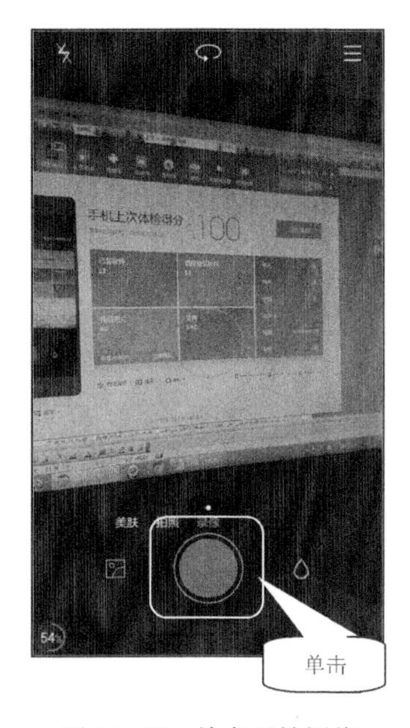

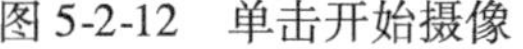
图 5-2-12　单击开始摄像

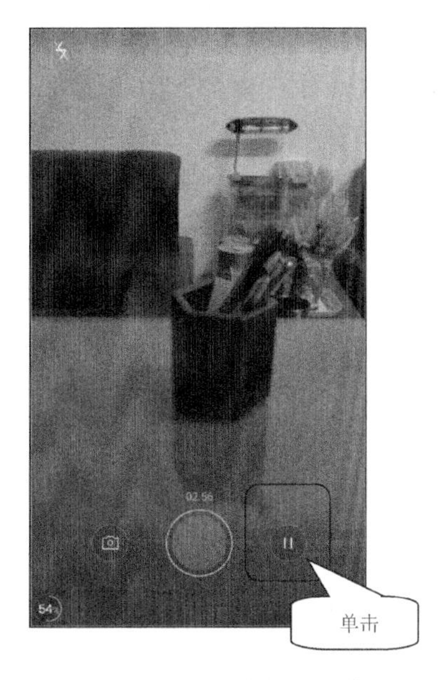

图 5-2-13　单击暂停摄像

第二步：摄像过程中，如果光线暗的话，可以开闪光灯。单击屏幕左上角禁止闪光图标，如图 5-2-14 所示。但打开闪光灯的手机，其电量消耗太快，不能长开。关闪光灯的操作为：单击屏幕左上角灯泡形状图标，出现禁止闪光图标后，再单击禁止闪光，如图 5-2-15 所示。

图 5-2-14　禁止闪光图标

图 5-2-15　单击灯泡图标以关闪光灯

第三步：调整焦距。拍摄过程中，可以单击音量加减键或者双指内捏出现缩放条后按住白色滑块左右移动以放大或缩小拍摄的画面，产生镜头的拉伸效果。也可以前后走动产生类似的效果。

第四步：结束摄像。单击红色按键，结束摄像，手机自动保存，如图 5-2-16 所示。

第五步：预览拍摄的视频。单击红色按键左边的磁盘图标按钮，如图 5-2-17 所示。在屏幕上左右滑动，找到要播放的视频，单击播放按钮，如图 5-2-18 所示，可以播放刚才拍摄的视频。

图 5-2-16　单击结束摄像

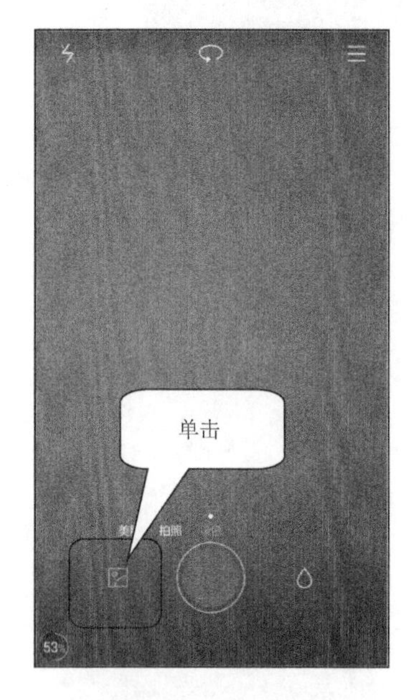

图 5-2-17　单击预览

图 5-2-18　单击播放

第六步：查看视频位置。在屏幕上轻轻点一下，出现底部菜单，如图 5-2-19 所示，单击右下角“菜单”图标按钮，如图 5-2-20 所示。

第七步：单击“详细信息”，如图 5-2-21 所示，随后出现如图 5-2-22 所示的详细信息界面，我们可以看到该文件的名称、时间、大小、宽度、高度、时长及路径等详细的信息。单击“关闭”按钮，回到等待播放状态。

图 5-2-19　底部菜单

图 5-2-20　单击“菜单”图标按钮

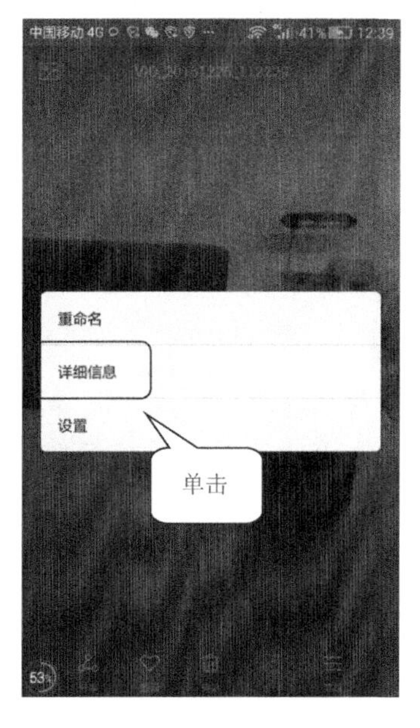

图 5-2-21　单击详细信息

图 5-2-22　详细信息

第八步：分享视频。在底部菜单中单击左下角“分享”按钮，出现如图 5-2-23所示的界面，可以选择不同的方式进行分享。

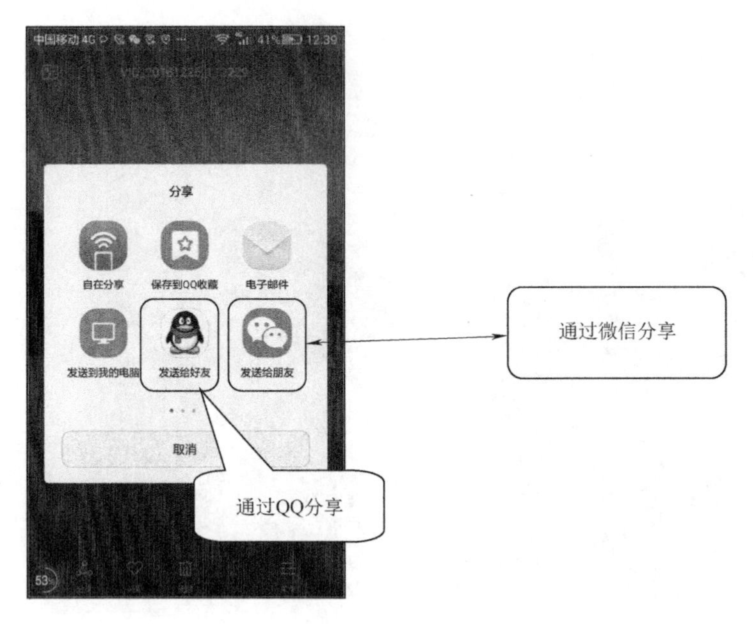

图 5-2-23　分享视频

至此，手机录制视频、存储、播放、分享活动结束。

练习题：

请使用手机录制一段视频并通过微信和好友分享该视频。

单元小结

本单元我们学习了使用智能手机自带的功能及软件进行音视频的录制，并对录制的音视频文件的存储、播放、分享等操作给出了详细的讲解，大家都学会了吗？这些录制的文件不管是对你有用，还是记录你生活的点点滴滴，从而让美好的回忆永久保留，总之，就让它们点亮你的生活吧。另外，智能手机软件一般更新较快，会出现更多的新功能，希望大家根据所学的方法能主动进行探究，主动去学习，大胆实践，让手机作为一种工具，使自己的生活多姿多彩。

学习单元六 手机阅读

学习目标

知识目标

掌握手机阅读的基本操作方法，知道其操作技巧。

能力目标

能完成注册、登录、下载阅读、在线阅读、发表评说、上传自创、阅读互动，并且能够解决使用中常见的问题。

情感目标

使学习者以更便捷的方式随时获取各类相关性信息，丰富知识，享受阅读的快乐。

学习重难点

学习重点

手机阅读的基本使用方法。

学习难点

熟练使用手机阅读的操作技巧。

任务一　文字阅读

现在手机阅读软件非常多，大众常用的手机阅读软件包括“熊猫看书”“掌阅”“多看”等，每款软件都各有所长。“熊猫看书”支持语音听书，可以通过下载听书插件后享受有声阅读。“掌阅”所支持电子读物的格式众多，资源比较丰富。“多看”每天都会推荐一本限时免费的图书。虽然每一款阅读软件都有自己的特色，但操作方法基本相同。您可以相互比较，选择一款自己觉得最好用的手机阅读软件来使用。

活动一：选择图书

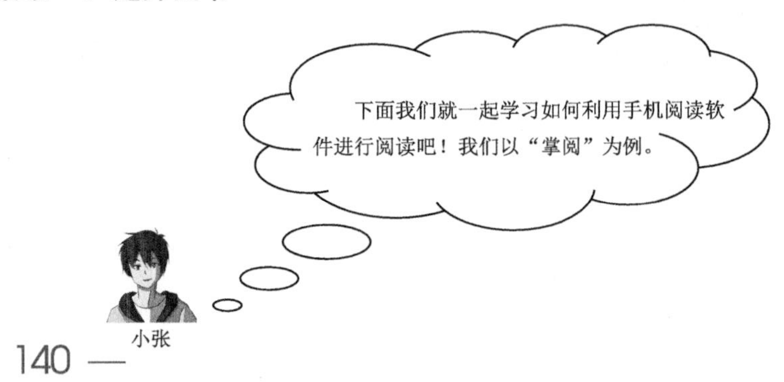

第一步：如图 6-1-1 所示，在手机屏幕上找到“掌阅”软件图标，并单击该图标。进入该软件后会显示如图 6-1-2 所示的界面，单击“书城”图标按钮。

图 6-1-1　单击“掌阅”软件图标

图 6-1-2　单击“书城”图标按钮

第二步：进入如图 6-1-3 所示的相关界面，单击“搜索本地域书城”，就会出现如图 6-1-4 所示的界面，在相关位置输入想要搜索的小说名称，并单击相关内容。

图 6-1-3　书城搜索界面

图 6-1-4　搜索“免费小说”

第三步：如图 6-1-5 所示，显示“免费”书架，选中心仪的电子书，即可开始自动下载，如图 6-1-6 所示。

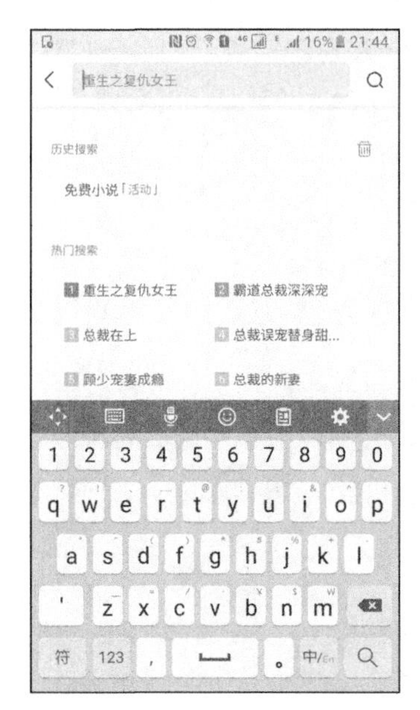

图 6-1-5　“免费”书架　　　　图 6-1-6　选中电子书

第四步：如图 6-1-7 所示，单击“读书”图标按钮，会出现如图 6-1-8 所示的界面，单击，就可以开始阅读了。

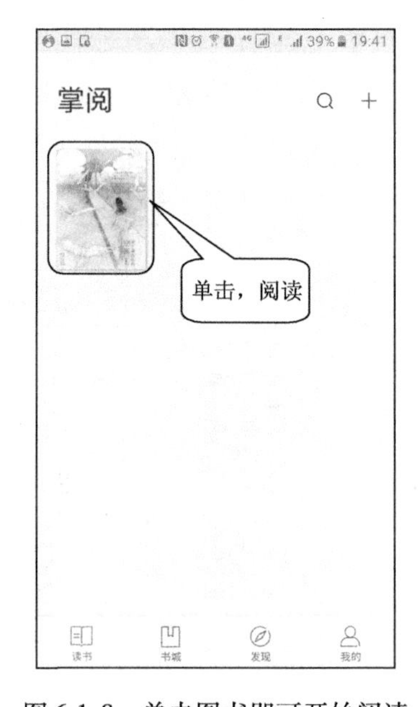

图 6-1-7　单击“读书”图标按钮　　　　图 6-1-8　单击图书即可开始阅读

活动二：翻页

打开导入的电子书后会出现如图 6-1-9 所示的界面，单击屏幕左端会翻向上一页，单击屏幕右端会翻向下一页。

如果觉得手动翻页比较麻烦，我们可以通过软件设置自动翻页。

第一步：如图 6-1-10 所示，打开导入的电子书，单击屏幕正中间的位置会出现如图 6-1-11 所示的界面，单击“设置”图标按钮。

图 6-1-9　打开导入的电子书

图 6-1-10　单击导入电子书屏幕正中间的位置

图 6-1-11　设置“翻页”

第二步：如图 6-1-12 所示，在相应的区域中向左滑动屏幕会出现如图 6-1-13 所示的界面，然后单击“自动翻页”，此时阅读软件会进入自动翻页模式。

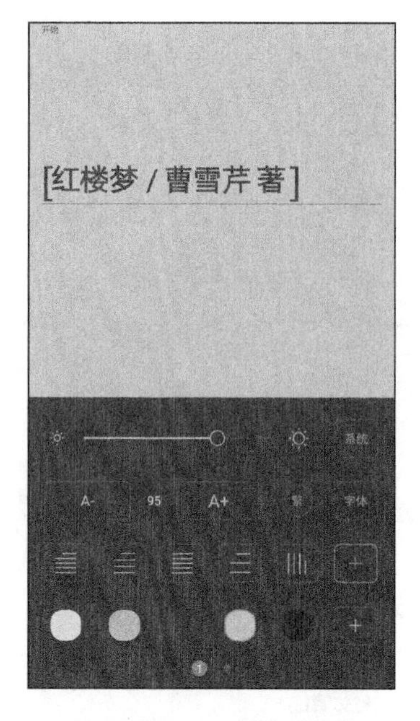

图 6-1-12　向左滑动屏幕

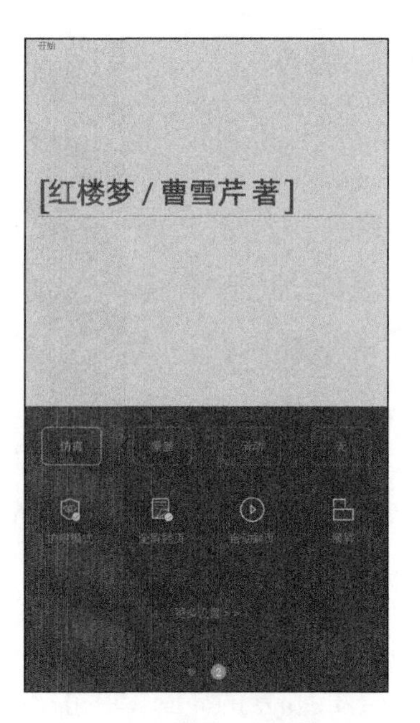

图 6-1-13　设置“自动翻页”

第三步：如图 6-1-14 所示，单击屏幕中间的区域会出现如图 6-1-15 所示的界面。单击“加速”和“减速”可调节自动翻页的速度。单击“退出自动翻页”即可停止自动翻页。

图 6-1-14　单击屏幕中间区域

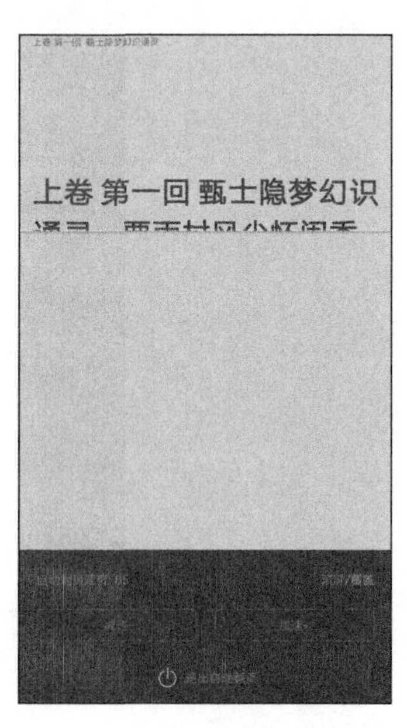

图 6-1-15　设置“自动翻页”的速度

活动三：设置显示界面

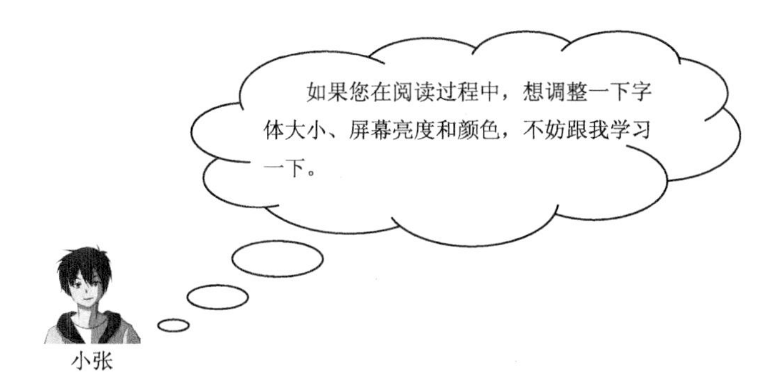

第一步：调节字体。如图 6-1-16 所示，打开导入的电子书，单击屏幕正中间的位置会出现如图 6-1-17 所示的界面。单击“设置”图标按钮。

第二步：如图 6-1-18 所示，单击“A +”或“A –”，调整阅读软件的字体大小。调整好字体大小后，单击屏幕空白区域，此时字体大小就设置完成了。

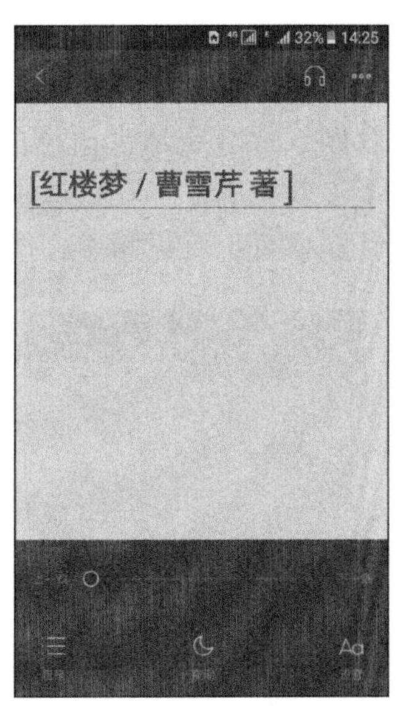

图 6-1-16　单击导入电子书的屏幕正中间位置

图 6-1-17　单击“设置”图标按钮

第三步：调节屏幕亮度。同第一步，在图 6-1-17 所示界面单击“设置”图标按钮。

第四步：如图 6-1-19 所示，左右滑动光标可调整屏幕亮度，调整好屏幕亮度后，单击相关区域，此时屏幕亮度就设置完成了。

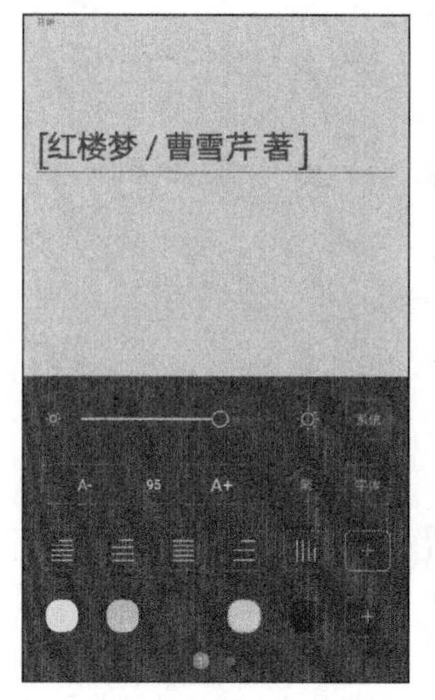

图 6-1-18　设置字体大小

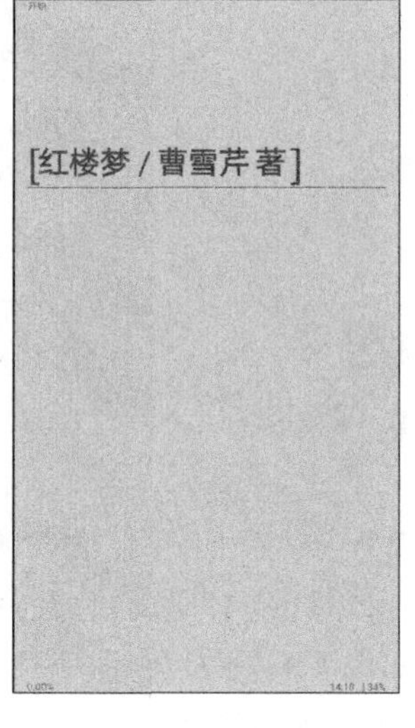

图 6-1-19　设置亮度

第五步：调换屏幕颜色。如果长时间看书感觉屏幕颜色单调，可以调换其他颜色。同第一步，在图 6-1-17 所示的界面单击“设置”图标按钮。

第六步：如图 6-1-20 所示，选择自己喜好的颜色作为背景后，单击相关区域，此时背景就设置完成了。若这里没有自己喜欢的颜色，单击“ + ”会出现如图 6-1-21 所示的界面，在区域中选取自己喜欢的颜色。

图 6-1-20　设置背景

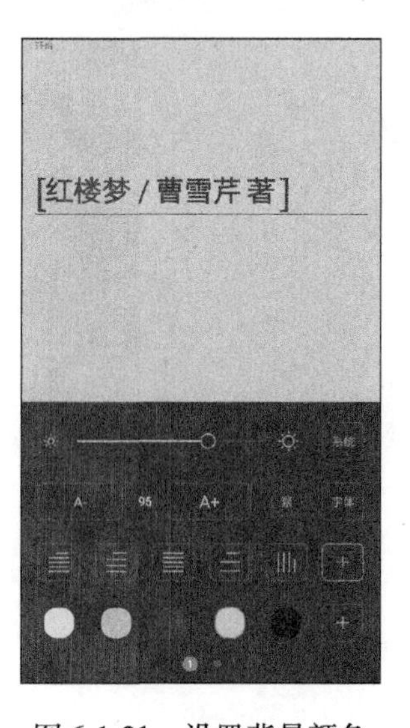

图 6-1-21　设置背景颜色

练习题：

请您运用上述方法下载一本心仪的电子书，并根据自己的喜好，设置背景颜色以及自动翻页的速度吧。

任务二　手机听书

手机听书软件非常多，大众常用的手机听书软件包括“懒人听书”“荔枝FM”“喜马拉雅FM”等，每款手机听书软件各有所长。“懒人听书”界面优美，操作简捷。“荔枝FM”设计个性化，用户体验好。“喜马拉雅FM”分类比较全，资源比较丰富。虽然每一款手机听书软件都有自己的特色，但操作方法基本相同。您可以相互比较，选择一款自己觉得最好用的手机听书软件。

活动一：搜索和下载收听内容

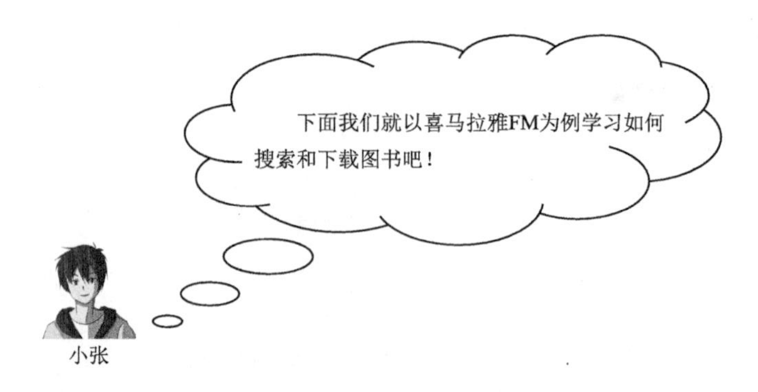

第一步：如图 6-2-1 所示，在手机屏幕上找到“喜马拉雅 FM”图标，单击该图标即可进入该软件。

第二步：出现“喜马拉雅 FM”界面，如图 6-2-2 所示，单击上方的搜索栏，即可跳转到如图 6-2-3 所示的界面。在搜索栏中输入搜索内容，然后单击“搜索”按钮。

图 6-2-1　“喜马拉雅 FM”软件

图 6-2-2　“喜马拉雅 FM”界面

第三步：如图 6-2-4 所示，选择要收听的图书。

图 6-2-3　输入搜索的内容

图 6-2-4　选择要收听的图书

第四步：如图 6-2-5 所示，单击“节目”按钮会出现如图 6-2-6 所示的界面。然后选择要收听的内容，即可开始收听。

图 6-2-5　单击“节目”按钮

图 6-2-6　“节目”列表

第五步：如图 6-2-7 所示，单击相关图标会出现如图 6-2-8 所示的界面。通过调节该光标可以调整节目的进度。

第六步：如图 6-2-9 所示，在搜索到的收听内容界面中，单击下载按钮即可下载相应的收听内容，然后单击返回按钮，会出现如图 6-2-10 所示的界面。

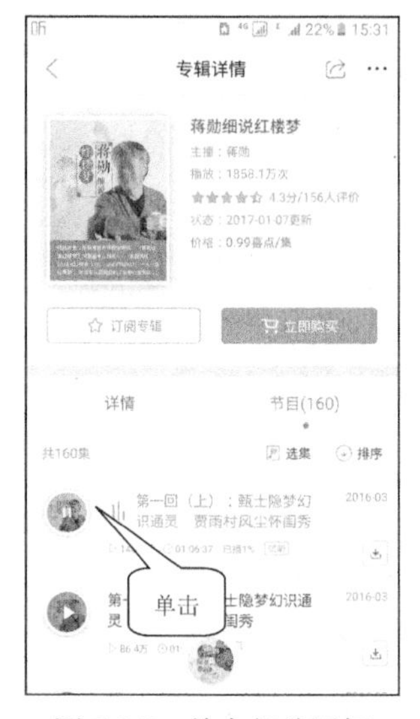

图 6-2-7　单击相关图标

图 6-2-8　进入收听界面

图 6-2-9　下载收听内容

图 6-2-10　返回收听界面

小贴士：在调整节目进度时，向右滑动光标，可收听该资源后面的内容。向左滑动光标，可收听该资源前面的内容。您可以根据自己的喜好来调整节目进度。

第七步：如图 6-2-11 所示，在屏幕下方单击“下载”图标按钮会出现如

图 6-2-12所示的界面。单击“下载中”即可以查看正在下载内容的状态。

图 6-2-11　单击“下载”图标按钮　　　　图 6-2-12　查看“下载中”内容

第八步：如图 6-2-13 所示，在相关区域中，可以观察下载的状态。当下载完成后，会出现如图 6-2-14 所示的界面，单击“声音”即可查看下载完成的内容。

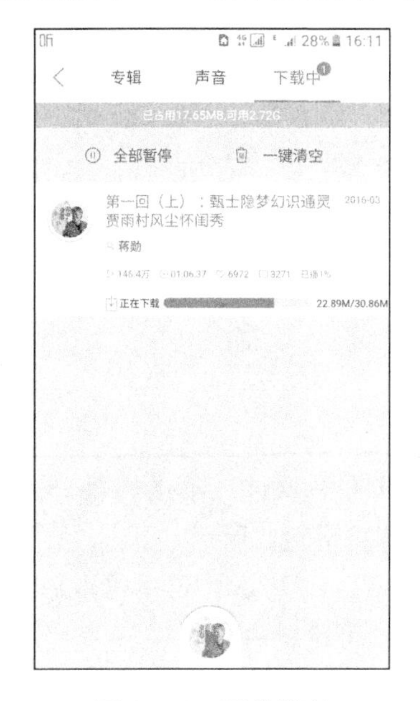

图 6-2-13　下载进度　　　　图 6-2-14　下载完成界面

第九步：如图 6-2-15 所示，单击已经下载完成的内容，即可收听离线音频。如图 6-2-16 所示，单击该按钮即可暂停播放。

图 6-2-15　下载完成的内容

图 6-2-16　暂停播放

活动二：收听推荐作品

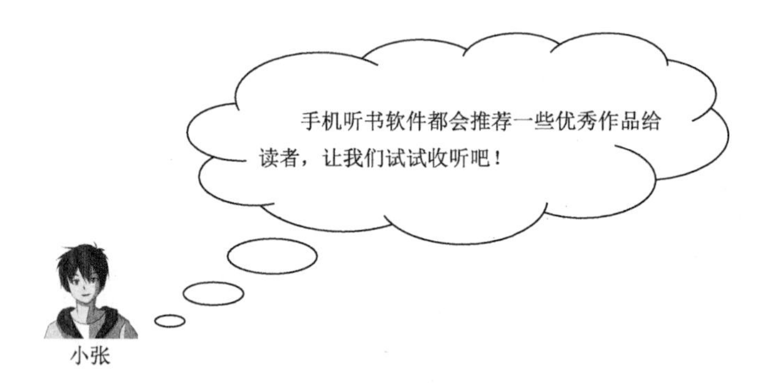

第一步：如图 6-2-17 所示，打开手机听书软件，单击“推荐”会出现如图 6-2-18所示的界面，单击相关的内容，即可进行收听。

第二步：若想改变收听的内容，如图 6-2-19 所示，可单击返回按钮，会出现如图 6-2-20 所示的界面，向下滑动屏幕即可刷新内容。

图 6-2-17　单击“推荐”

图 6-2-18　推荐作品界面

图 6-2-19　单击返回按钮

图 6-2-20　重新选择推荐作品

活动三：编辑历史记录

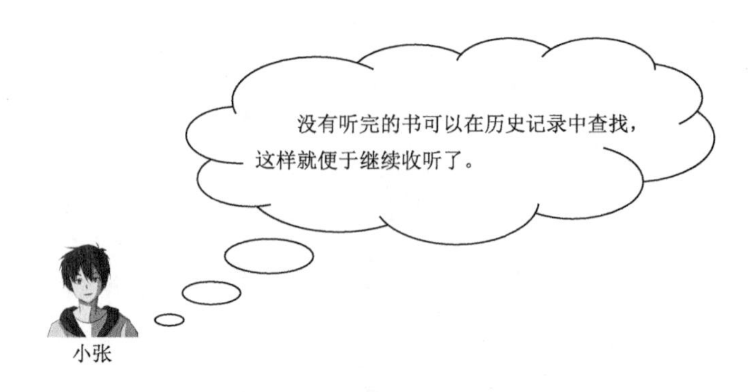

第一步：如图 6-2-21 所示，进入手机听书软件后，单击“历史”图标按钮会出现如图 6-2-22 所示的界面，单击想要查找的历史播放记录，即可继续收听。

第二步：如图 6-2-23 所示，长按相关播放记录会出现如图 6-2-24 所示的界面，单击“确定”按钮即可删除该条播放记录。

图 6-2-21　单击“历史”图标按钮

图 6-2-22　查看历史播放记录

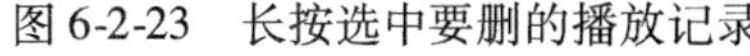
图 6-2-23　长按选中要删的播放记录

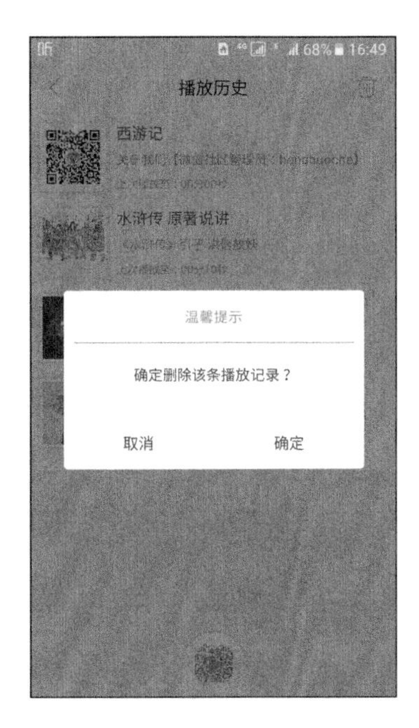

图 6-2-24　单击“确定”按钮，删除记录

第三步：如图 6-2-25 所示，单击“垃圾箱”图标按钮会出现如图 6-2-26 所示的界面，单击“确定”按钮即可清空播放记录。

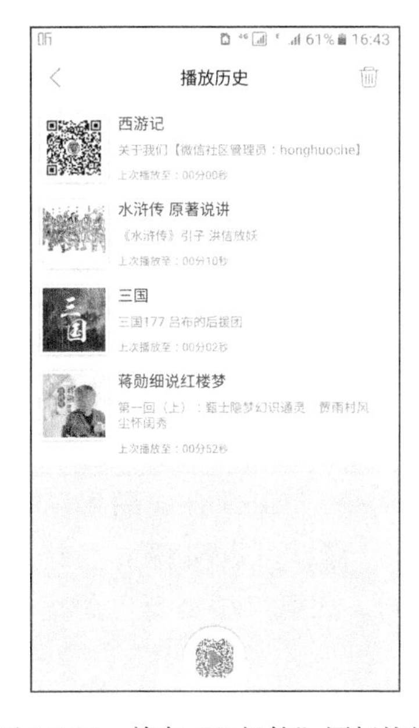

图 6-2-25　单击“垃圾箱”图标按钮

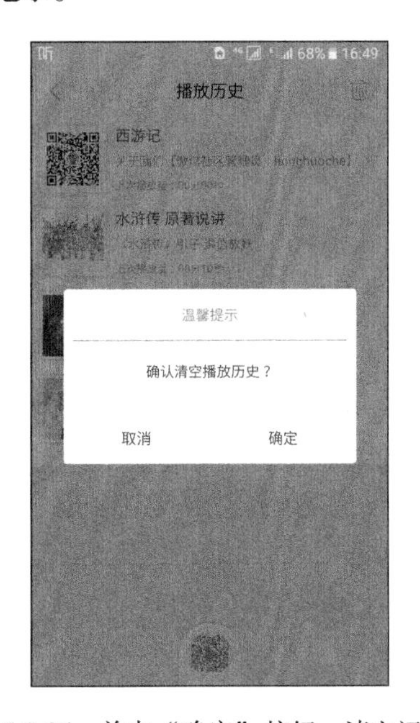

图 6-2-26　单击“确定”按钮，清空记录

练习题:

请您运用上述方法下载心仪的内容，并尝试着编辑一下历史记录吧。

任务三 有声阅读

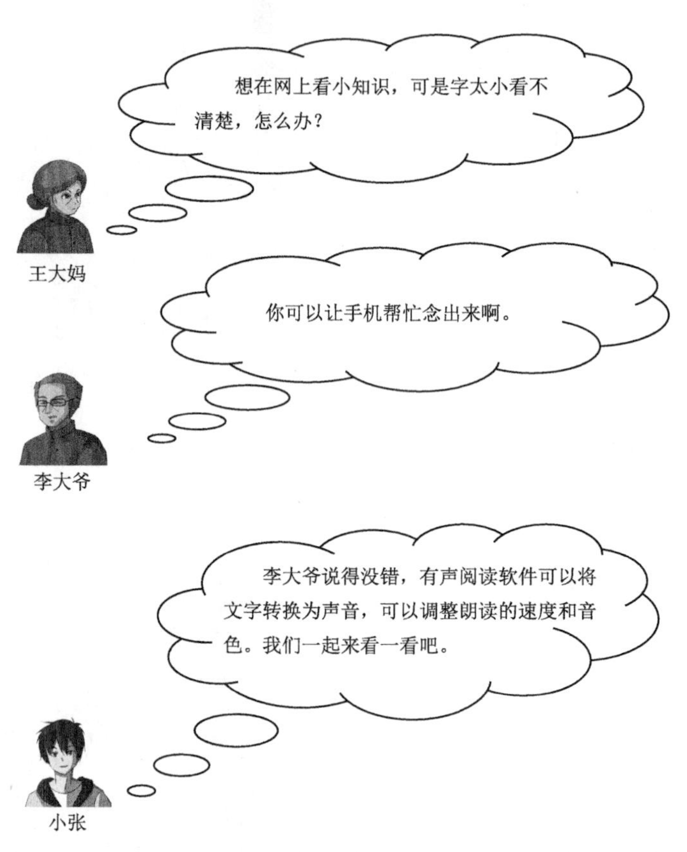

现在具有将文字转换为声音的软件较少，且这一功能多为软件的非主要功能。比如，“讯飞语记”是一款将语音快速转换成文字的软件，我们可以利用它的朗读功能，实现文字转换为声音。又如，“TTS 合成助手”是一款广告制作软件，利用它“编辑文案”的操作过程，可以实现文字转换为声音。这些软件各有特色，但转换方法基本相同。您可以根据自己的情况进行选择。

活动：文字转换声音

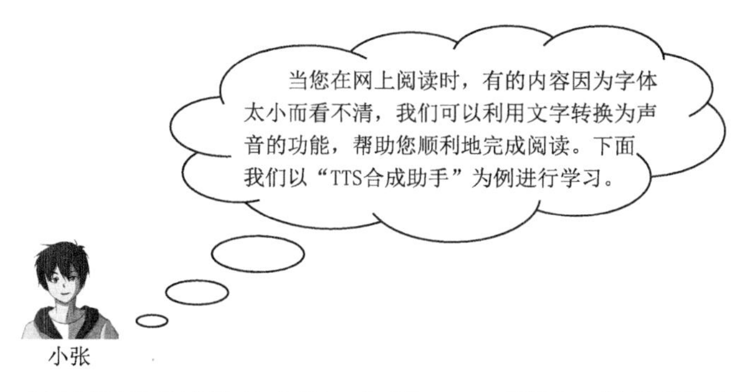

第一步：复制您想要转换的文字。如图 6-3-1 所示，长按网页中的文字，在出现的选项中，单击“自由复制”，如图 6-3-2 所示。

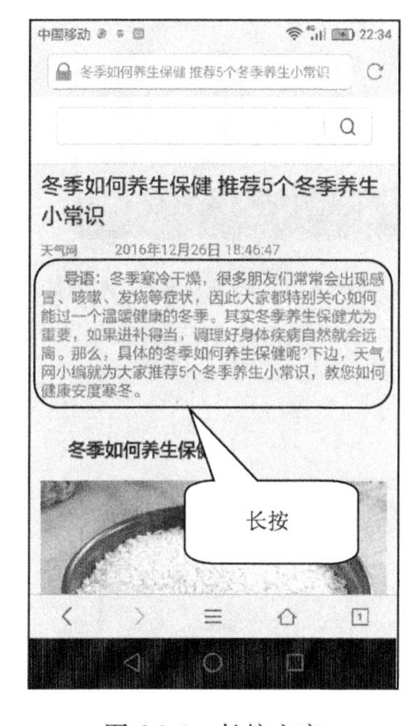

图 6-3-1　长按文字　　　　图 6-3-2　单击“自由复制”

第二步：如图 6-3-3 所示，长按左侧按钮，当出现放大的字体时，如图 6-3-4 所示，开始向左上方拖动这个按钮，直到选择好要复制的范围，手指即可离开屏幕。

第三步：如图 6-3-5 所示，确定要选择的起始位置后，以同样的方法，长按并拖动右侧的按钮向右下方移动以确定结束位置。全部选择好后，单击“复制”

按钮，如图 6-3-6 所示。

第四步：在手机屏幕上找到“TTS 合成助手”软件图标，如图 6-3-7 所示，单击进入。

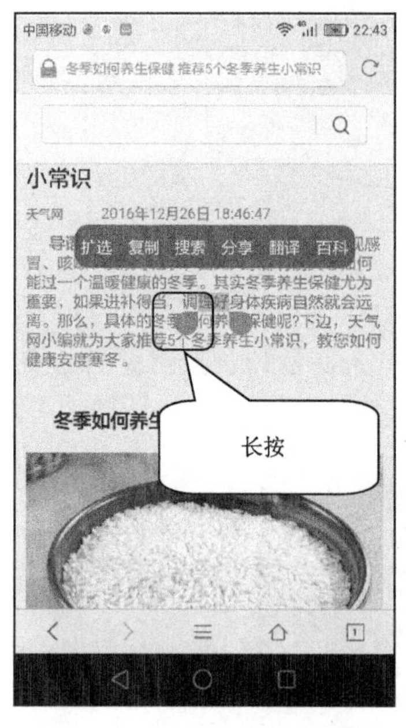

图 6-3-3　长按左侧按钮

图 6-3-4　拖动选择复制范围

图 6-3-5　按住并拖动左侧按钮

图 6-3-6　复制选中的文字

图6-3-7　单击进入“TTS 合成助手”软件

小贴士：文字转换声音软件需要在手机联网的情况下才能使用。

第五步：单击“自己制作”按钮，如图 6-3-8 所示，进入编辑界面，长按中间空白处，如图 6-3-9 所示。

图 6-3-8　单击“自己制作”按钮

图 6-3-9　编辑界面

第六步：单击“粘贴”按钮，如图 6-3-10 所示，完成对选中文字的粘贴，如图 6-3-11 所示。

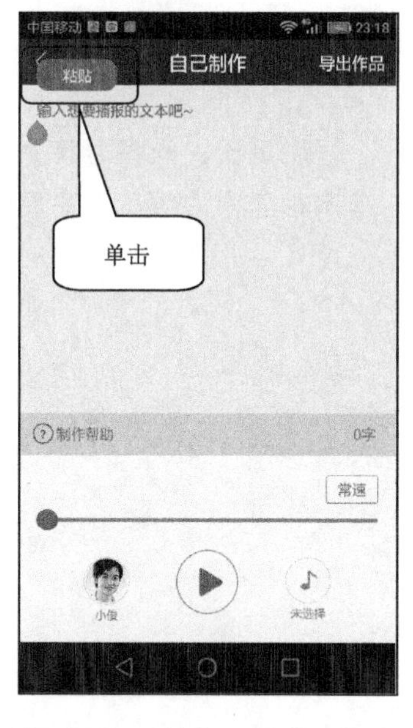

图 6-3-10　单击“粘贴”按钮

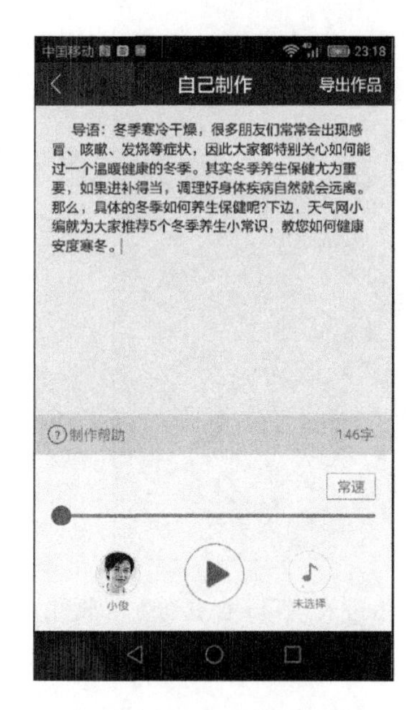

图 6-3-11　复制完成

第七步：如图 6-3-12 所示，单击播放按钮，软件开始为您播报选中的文字。正在播报的内容会显示为橘黄色。播放中，单击暂停按钮，可暂停，如图 6-3-13 所示。

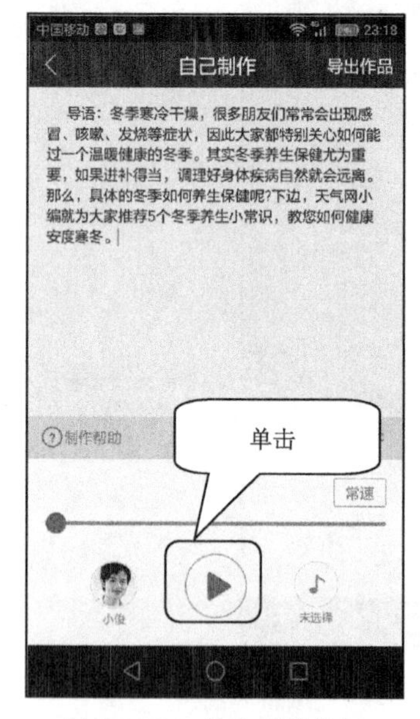

图 6-3-12　单击播放按钮

图 6-3-13　播报中

单击“常速”按钮，可以设置播报的速度，如图 6-3-14 所示。单击人物头像，可以更换播报的声音，如图 6-3-15 所示。

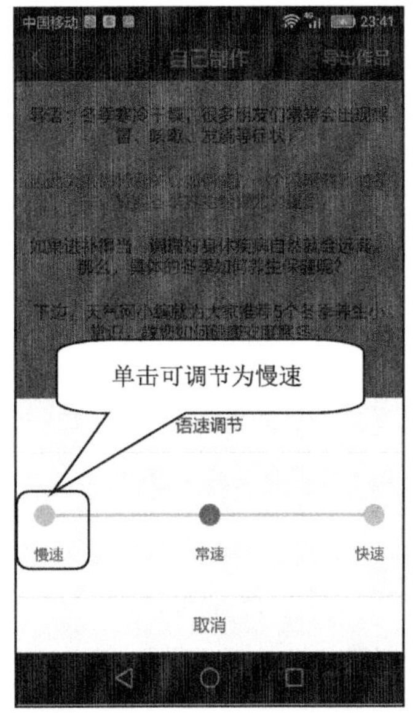

图 6-3-14 语速调节

图 6-3-15 调整音色

练习题：

请您运用上述方法，找到网页中您感兴趣的一篇小知识，将它转换为声音，并且比较一下哪位主播的声音更适合您。

单元小结

本单元我们学习了用手机进行文字阅读、听书和有声阅读三个任务。文字阅读详细介绍了图书导入、翻页、设置字体大小、调整屏幕亮度、设置背景等操作方法；听书着重介绍了电子书的搜索、下载保存、推荐作品以及查看历史记录的操作步骤；有声阅读主要展示将文字转换为声音的操作过程。大家都学会了吗？智能手机软件更新较快，会出现更多的新功能，希望大家根据所学的方法主动探究，主动学习，大胆实践，丰富自己的生活。

学习单元七 手机健康生活

学习目标

知识目标

掌握手机挂号网站、手机挂号软件的基本操作方法，熟练其操作技巧。

掌握手机运动功能的操作方法，熟悉其操作技巧。

能力目标

能够使用手机登录医院官网或北京市挂号平台网，能够在手机挂号软件上，完成注册、登录、查询就医信息、预约挂号、取消挂号。能够解决使用中遇到的常见问题。

能够熟知一种手机运动健康软件。能用手机完成设定运动目标，记录运动步数、运动轨迹，链接外部设备管理健康数据，参与健康活动。能解决操作中的常见问题。

情感目标

使学习者更安全、高效、便捷，更精确、有针对性地就医，享受便捷服务。使学习者增强健康意识，随时随地愉悦身心。

学习重难点

学习重点

手机挂号网站、手机挂号软件的操作方法。手机运动软件的基本使用方法。

学习难点

熟练使用手机挂号和手机运动相关功能的操作技巧。

任务一　手机挂号

手机挂号软件是一种可以帮助患者直接通过手机来预约挂号的实用工具，使用该软件挂号比传统的直接去医院排队挂号要方便很多。目前，常用的手机挂号软件有微信推出的北京 114 预约挂号平台（简称微信挂号）、好大夫在线、百度医生等，每款手机挂号软件都各有所长。好大夫在线不仅提供挂号功能，还能与医生进行电话和视频沟通；微信挂号公众平台较有权威，医院覆盖面大等。虽然每一款手机挂号软件都有自己的特色，但操作方法基本相同。您可以相互比较，选择一款自己觉得最好用的手机挂号软件进行使用。

活动一：预约平台注册

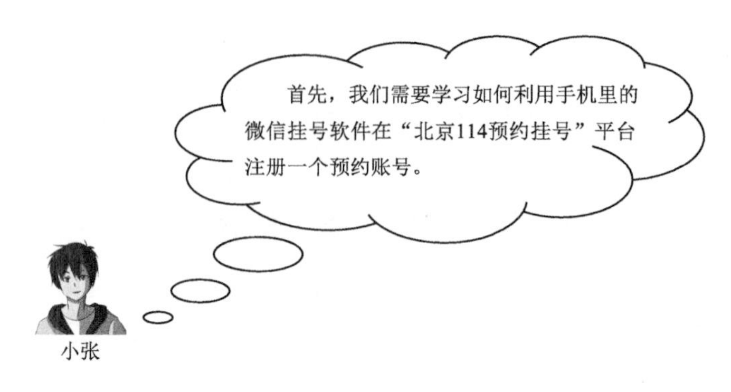

第一步：在手机屏幕上找到微信软件图标，如图 7-1-1 所示，单击进入。单击屏幕下方“通讯录”图标按钮，然后单击“公众号”，如图 7-1-2 所示。

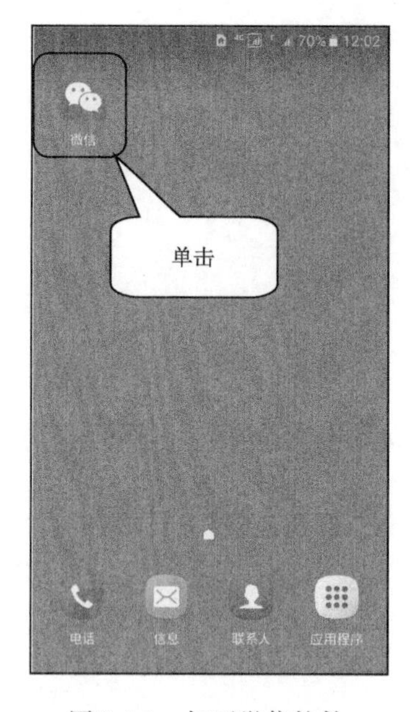

图 7-1-1　打开微信软件

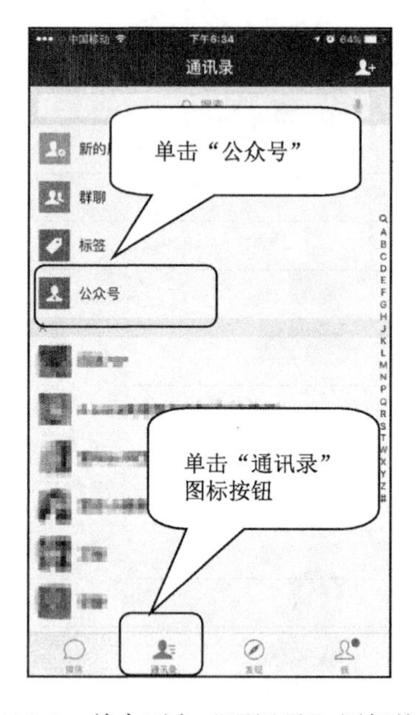

图 7-1-2　单击下方“通讯录”图标按钮

第二步：进入公众号界面，如图 7-1-3 所示。在搜索框内输入“114 预约挂号”，如图 7-1-4 所示。

第三步：在搜索结果页面，单击“北京 114 预约挂号”公众号，如图 7-1-5 所示。单击屏幕上的“关注”按钮，关注“北京 114 预约挂号”公众号，如图 7-1-6 所示。

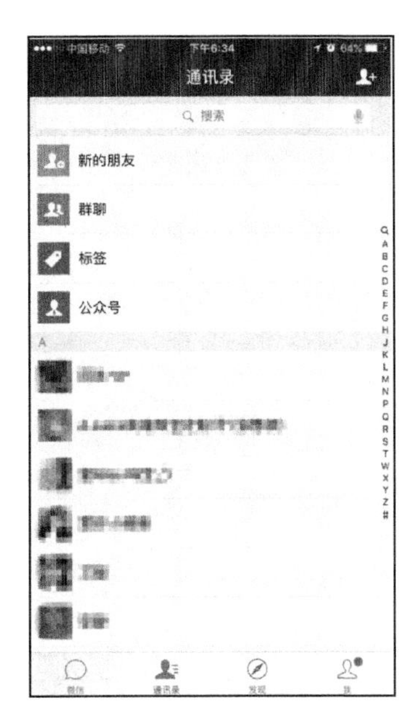

图 7-1-3　微信公众号界面

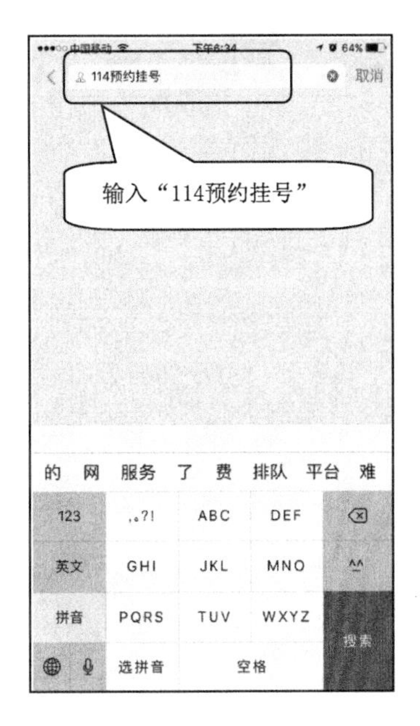

图 7-1-4　搜索“114 预约挂号”

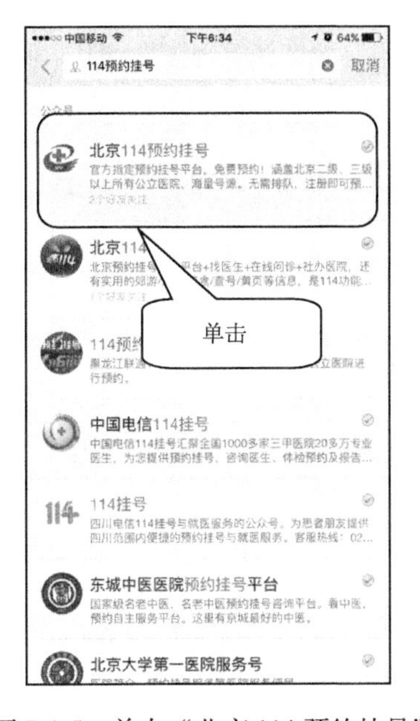

图 7-1-5　单击“北京 114 预约挂号”

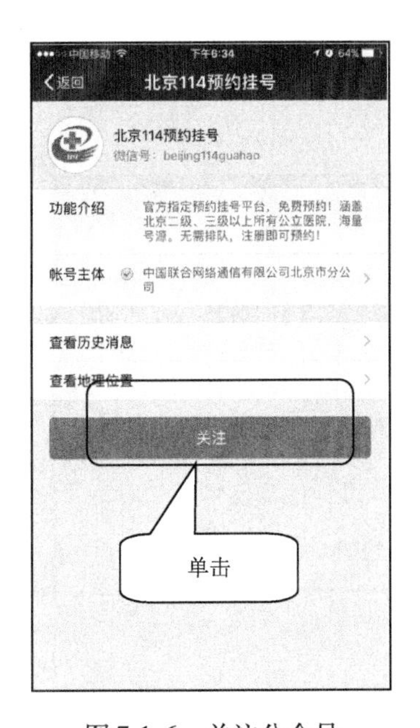

图 7-1-6　关注公众号

第四步：在公众号界面，单击下方的“就医服务”按钮，如图 7-1-7 所示。单击“预约挂号”按钮，如图 7-1-8 所示。

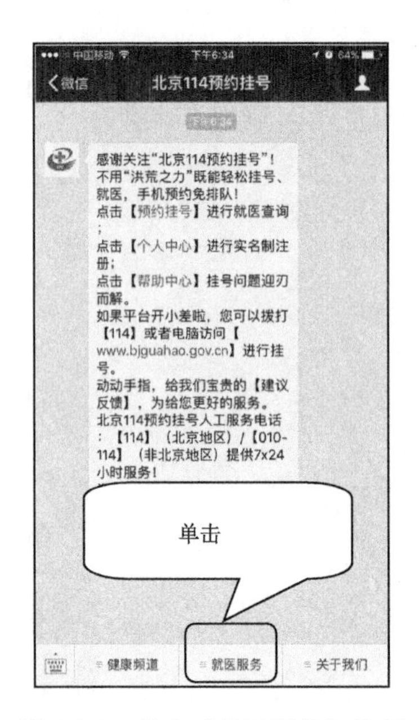

图 7-1-7　单击“就医服务”按钮

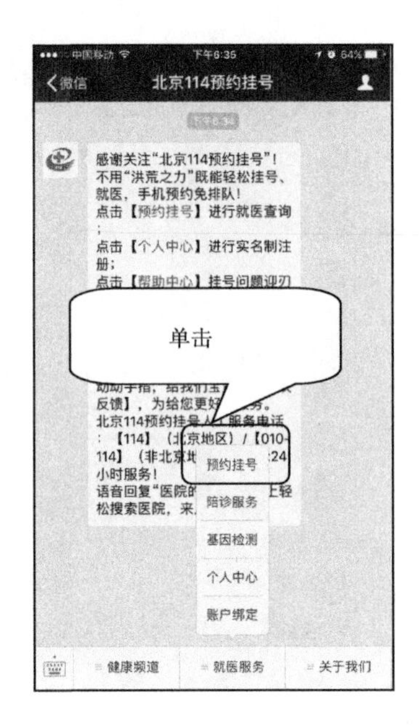

图 7-1-8　单击“预约挂号”

第五步：在“北京 114 预约挂号”界面，单击右上方的“个人中心”按钮进行注册，如图 7-1-9 所示。单击“立即注册”按钮进行用户注册，如图 7-1-10 所示。

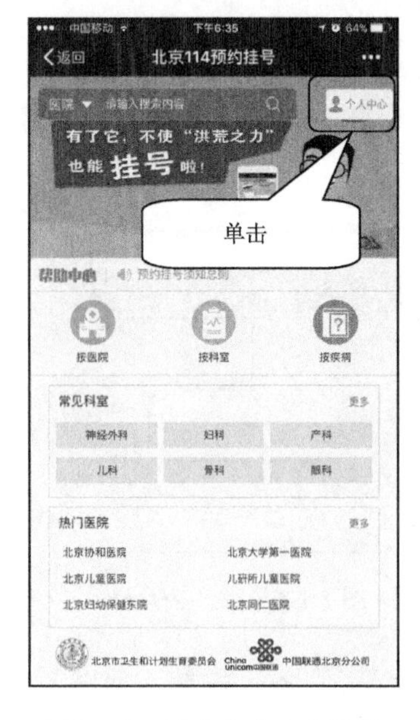

图 7-1-9　进入个人中心注册

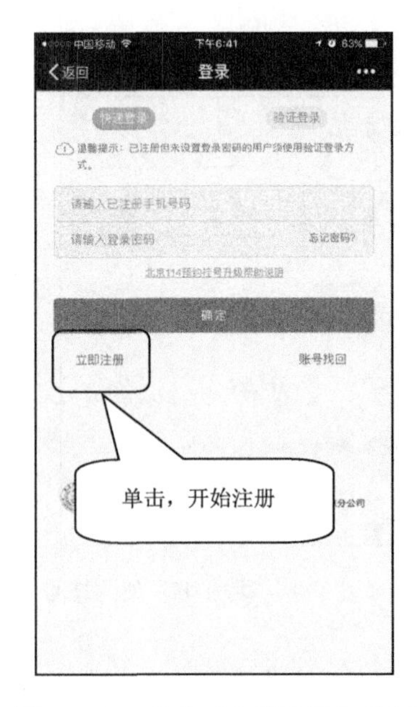

图 7-1-10　单击“立即注册”按钮

第六步：进入注册页面，完善个人信息，如图 7-1-11 所示。添加好个人信息后，单击“获取验证码”，如图 7-1-12 所示。

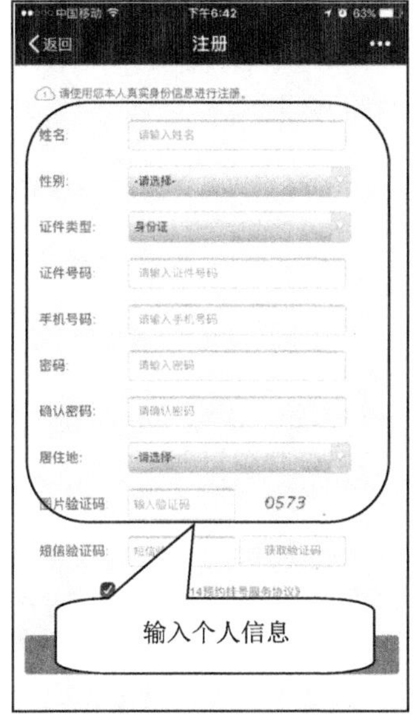

图 7-1-11　完善个人信息

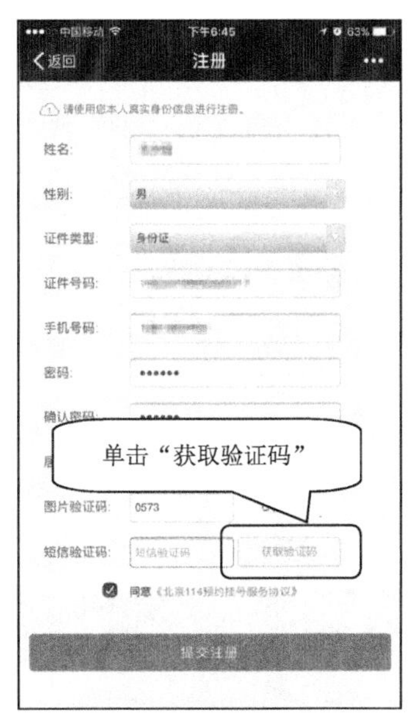

图 7-1-12　获取验证码

第七步：输入短信验证码之后，单击界面下方“提交注册”按钮，如图 7-1-13所示。提示注册成功，单击“确认”按钮，如图 7-1-14 所示。

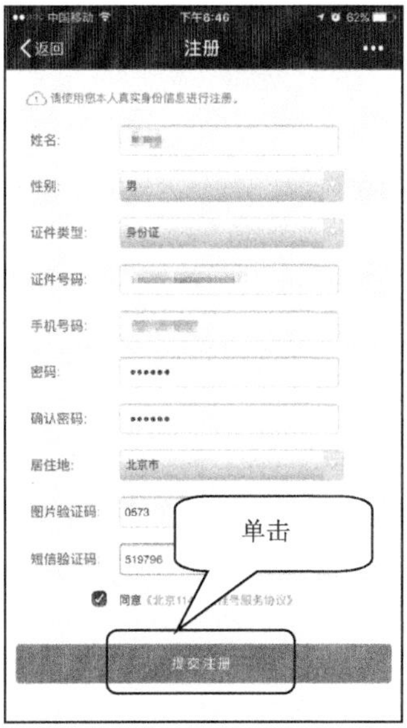

图 7-1-13　提交注册

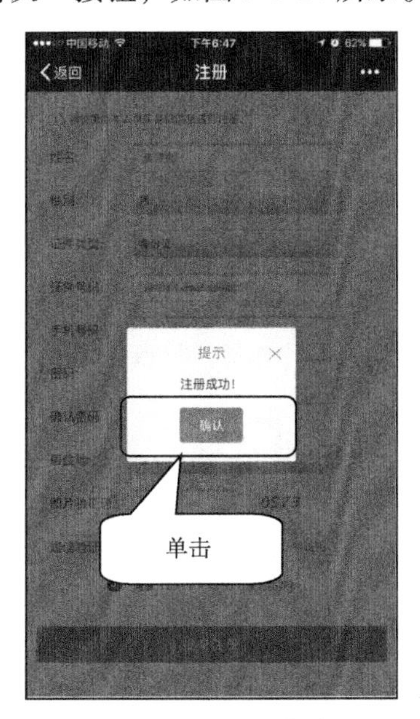

图 7-1-14　注册完成

活动二：预约挂号

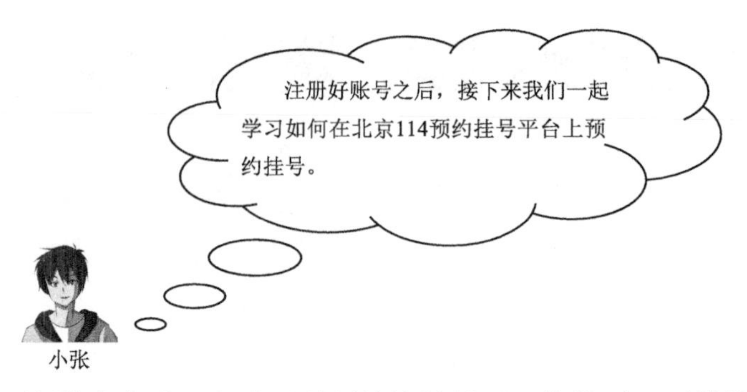

第一步：注册成功后，自动回到预约挂号界面，您就可以开始挂号了。下面介绍按医院挂号方式，单击“按医院”图标按钮，如图 7-1-15 所示。在输入框内输入您想挂号的医院名称，如图 7-1-16 所示。

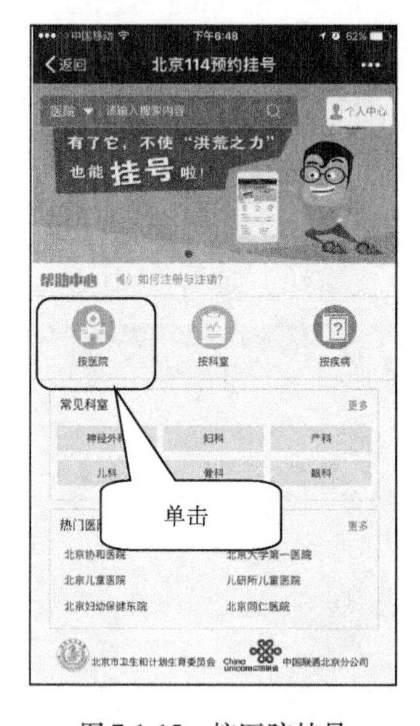

图 7-1-15　按医院挂号　　　图 7-1-16　输入医院名称

第二步：如输入“安贞”后，单击“搜索”按钮，如图 7-1-17 所示。在搜索结果中找到相应医院并单击确定，如图 7-1-18 所示。

第三步：上下滑动屏幕，浏览各科室名称，选择将要预约挂号的科室，如图 7-1-19 所示。进入面诊日期选择界面，蓝色圆圈标注日期可进行预约，如选择 2017 年 1 月 4 日，如图 7-1-20 所示。

图 7-1-17　搜索医院

图 7-1-18　确定医院

图 7-1-19　浏览选择科室

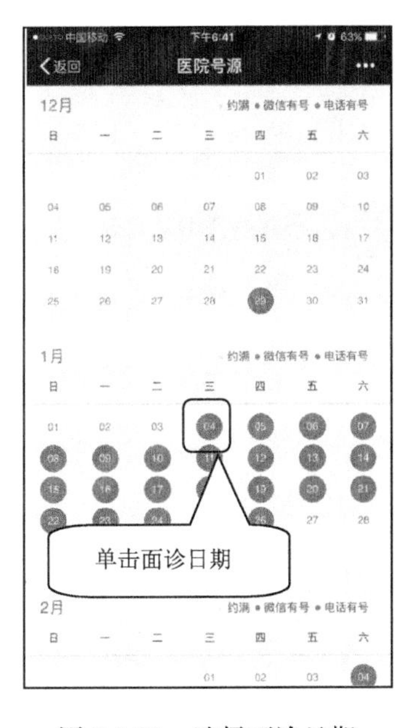

图 7-1-20　选择面诊日期

第四步：选择一名微信可约医生（如您想预约“114 电话预约可挂号”医生，需拨打 114 进行电话预约），如图 7-1-21 所示。确认挂号信息后，单击屏幕下方的“获取短信验证码”按钮，获取短信验证码，如图 7-1-22 所示。

第五步：输入短信验证码之后，单击“确认预约”按钮，如图 7-1-23 所示。系统自动进入“预约成功”界面，请按照提示就诊日期和取号时间、地点到医院进行就诊，如图 7-1-24 所示。

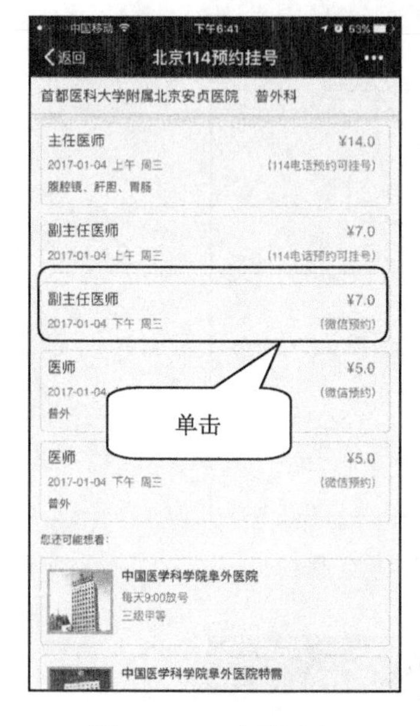

图 7-1-21　选择医生

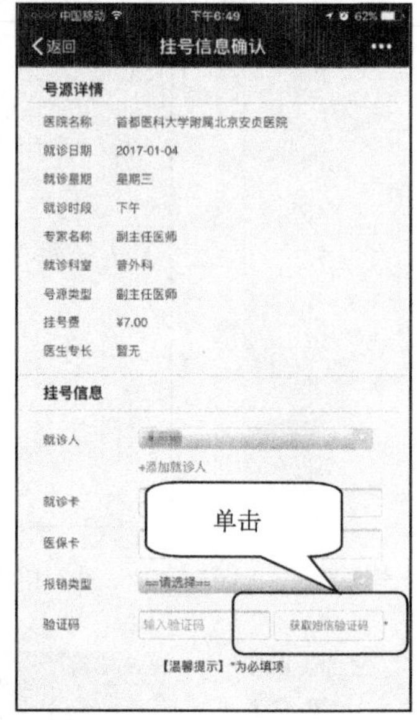

图 7-1-22　获取验证码

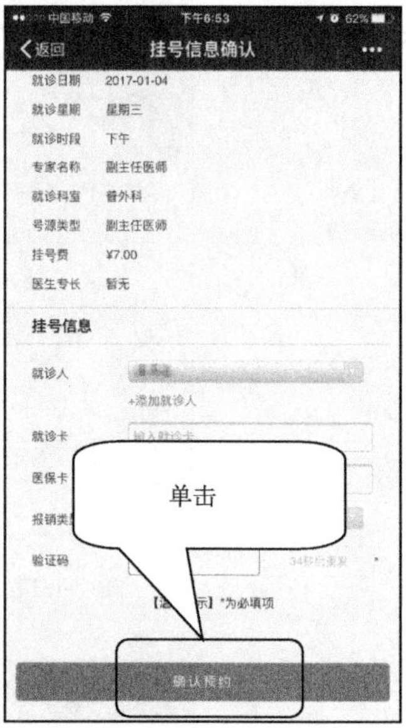

图 7-1-23　单击“确认预约”按钮

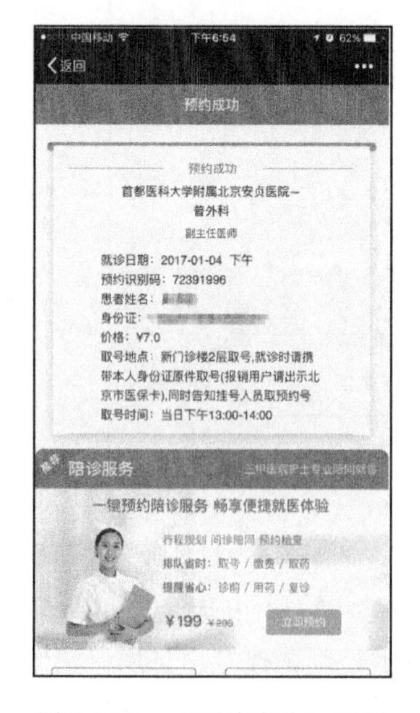

图 7-1-24　“预约成功”界面

小贴士：预约成功之后请您带好身份证和医保卡，按照规定时间、地点取号就诊。

练习题：

请您根据最近的就诊计划，运用上述方法预约您需要就诊的医院及科室，完成就诊计划。

任务二　手机运动

现在手机运动软件非常多，大众常用的包括咕咚运动、悦动圈、乐动力等，每款运动软件都各有所长。咕咚运动，数据误差率最低，运动类型丰富；悦动圈，在用户体验与线上互动交流方面做得更为出色；乐动力，以简洁的操作界面著称，能够让用户很轻松地进行操作，适合女性用户使用。虽然每一款手机运动软件都有自己的特色，但操作方法基本相同。您可以相互比较，选择一款自己觉得最好用的手机运动软件进行使用。

活动一：运动计步

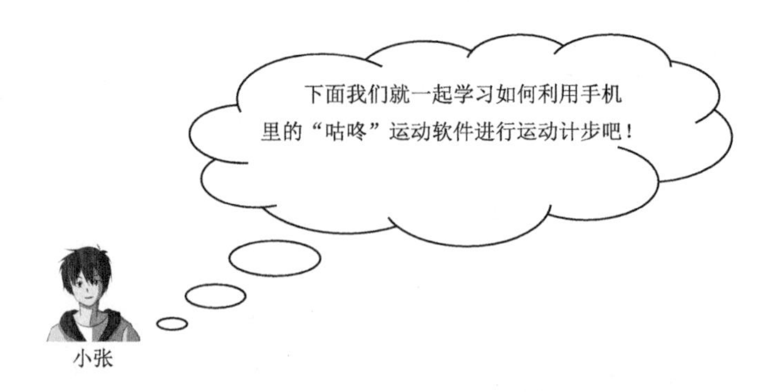

第一步：在手机屏幕上找到“咕咚”运动软件图标，如图 7-2-1 所示，单击进入。

图7-2-1　单击“咕咚”运动软件图标

小贴士：运动软件除计步功能支持在没有网络的情况下使用，运动里程、分享、排行的使用都需要在手机联网的情况下才能使用，且在使用过程中，需要打开手机定位功能。

第二步：进入运动软件后，单击屏幕下方的“微信登录”按钮，如图 7-2-2 所示，就进入了如图 7-2-3 所示的确认登录界面。也可以根据个人情况选择微博、QQ 账号、手机号、邮箱等登录方式。

第三步：为了使运动软件能够读取手机记录的运动数据，单击屏幕弹出提示框的“允许”按钮，如图 7-2-4 所示，即可切换到计步界面，单击屏幕右下方“我的”功能按钮，如图 7-2-5 所示。

图 7-2-2　单击“微信登录”按钮

图 7-2-3　确认登录界面

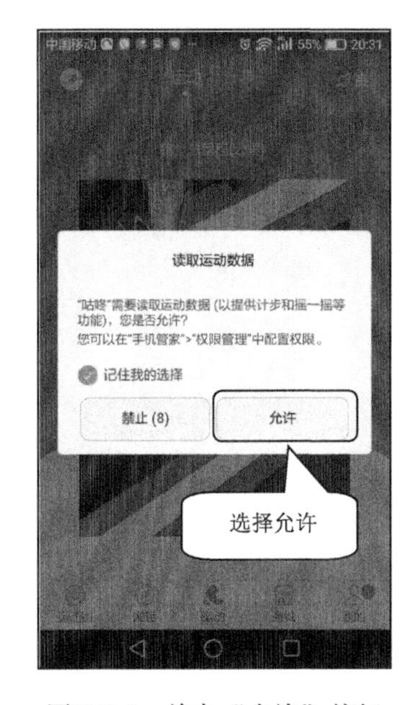

图 7-2-4　单击“允许”按钮

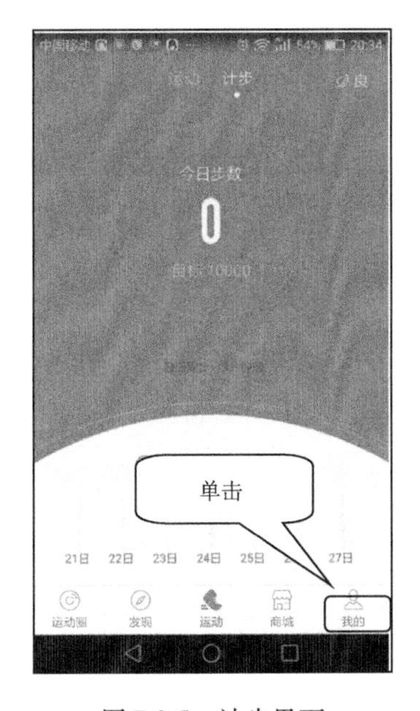

图 7-2-5　计步界面

第四步：进入“我的”功能界面后，单击屏幕右上方如图 7-2-6 所示的“齿轮”图标进入“设置”功能界面。

第五步：在屏幕下方单击“手机计步”，如图 7-2-7 所示，单击设置每日计步目标。

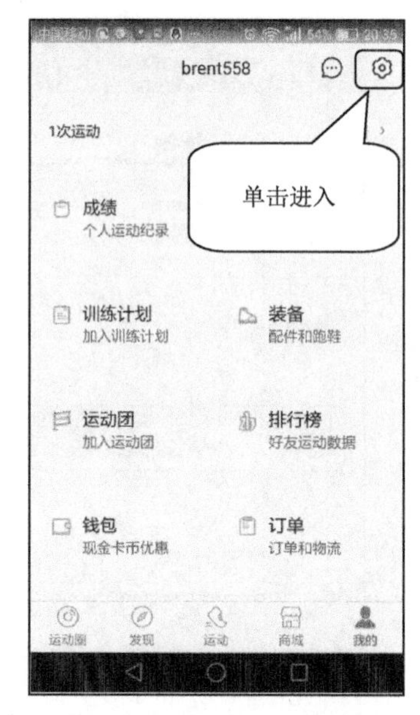

图 7-2-6　“我的”功能界面

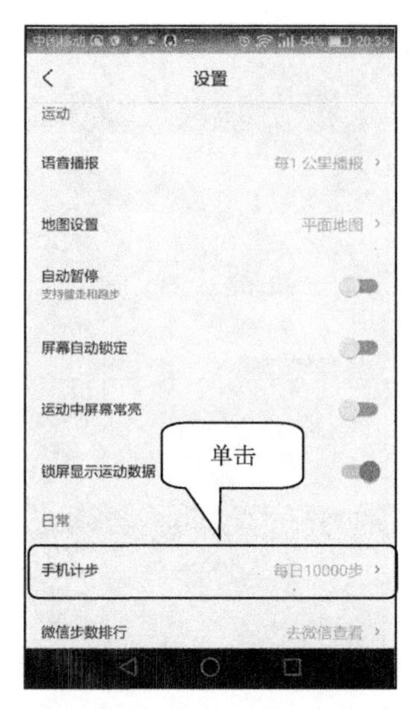

图 7-2-7　单击“手机计步”

第六步：如图 7-2-8 所示，通过上下滑动屏幕完成设置。然后返回至计步界面，如图 7-2-9 所示，查看已设定的每日计步目标。

图 7-2-8　设置每日目标

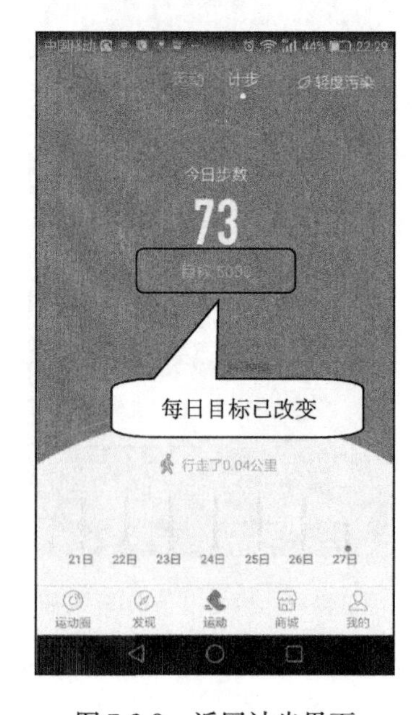

图 7-2-9　返回计步界面

第七步：单击屏幕中间“今日步数”，如图 7-2-10 所示，进入“步数详情”界面，以查看今日记录的各项数据，如图 7-2-11 所示。

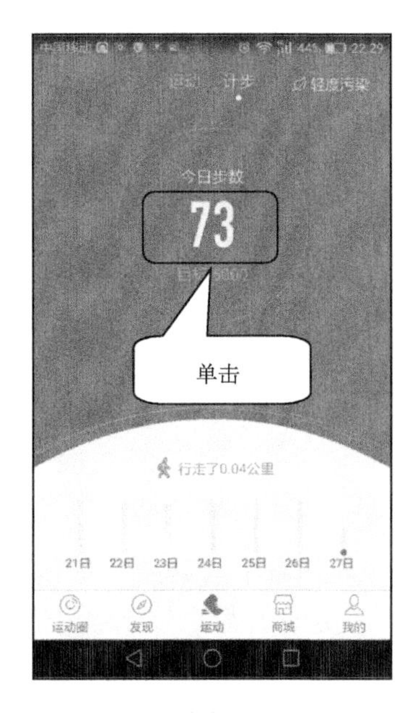

图 7-2-10　单击“今日步数”

图 7-2-11　“步数详情”界面

第八步：在“步数详情”界面，可将各项数据分享至各社交平台，如图 7-2-12所示，单击屏幕右上方“发布”图标按钮后屏幕下方会出现社交平台选项，如图 7-2-13 所示。我们可以根据自己的需求，选择相应平台并发布数据。

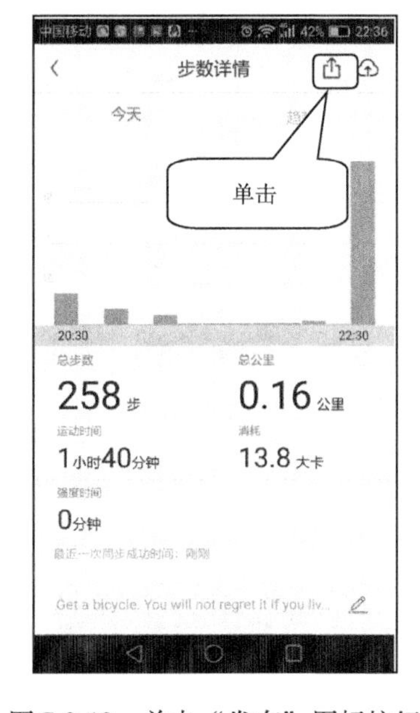

图 7-2-12　单击“发布”图标按钮

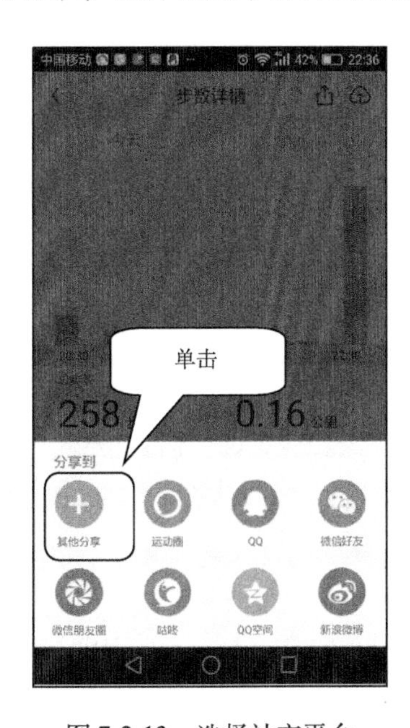

图 7-2-13　选择社交平台

活动二：记录运动里程

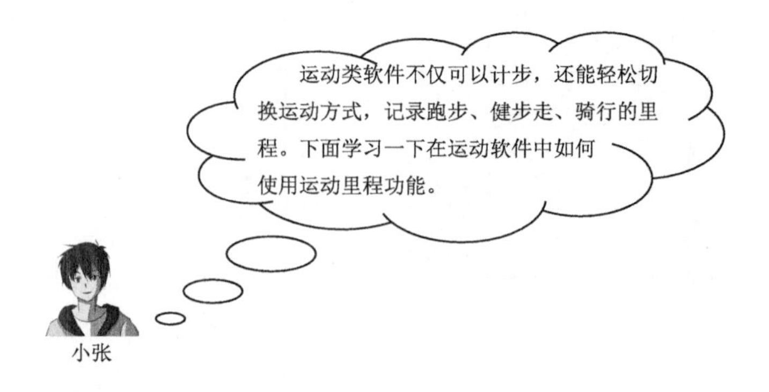

第一步：如图 7-2-14 所示，在“运动”界面单击“开始”按钮，待 GPS 完成定位，单击三角号开始按钮，如图 7-2-15 所示，开始户外或室内运动。

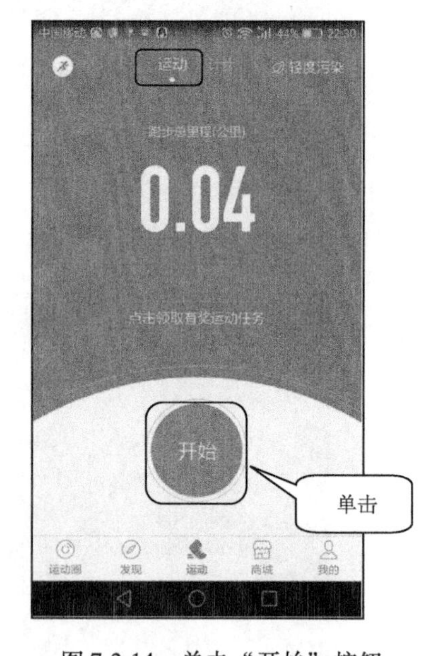

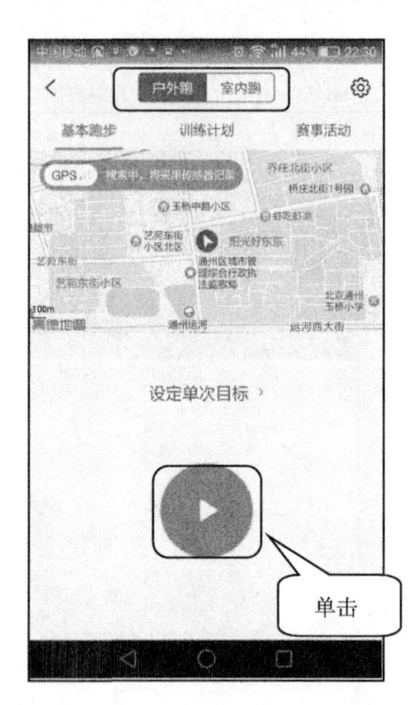

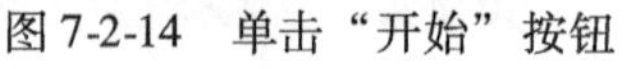
图 7-2-14　单击“开始”按钮

图 7-2-15　单击三角号开始运动

第二步：当完成本次运动时，如图 7-2-16 所示单击暂停按钮，然后单击“结束”图标按钮以结束此次运动里程记录，如图 7-2-17 所示。

第三步：如图 7-2-18 所示，单击“结束并保存”按钮，进入“运动记录”界面。此界面与活动一当中的计步详情类似，记录着各项运动数据，也可将数据分享至各社交平台，如图 7-2-19 所示。

图 7-2-16　单击暂停

图 7-2-17　单击结束

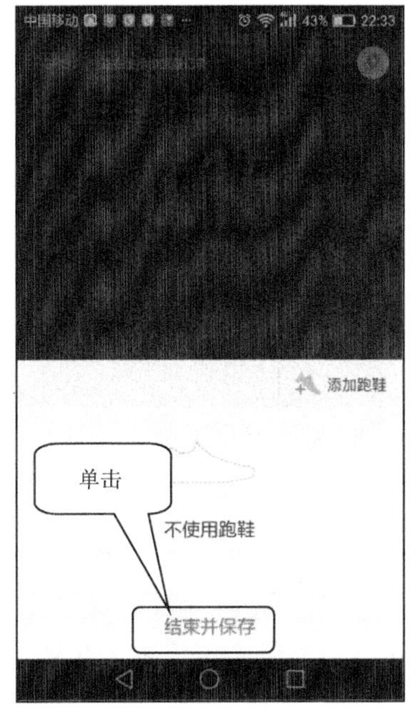

图 7-2-18　单击“结束并保存”按钮

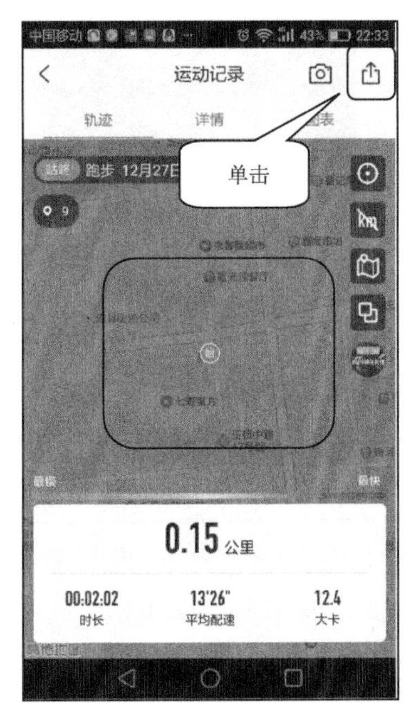

图 7-2-19　“运动记录”界面

活动三：查看运动排行

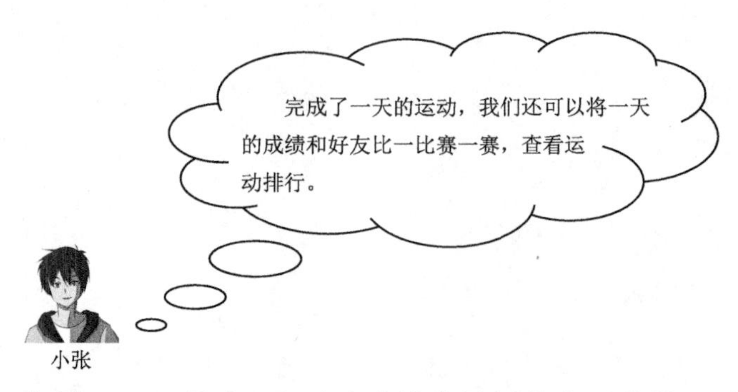

第一步：如图 7-2-20 所示，在运动或计步界面单击“我的”功能按钮，进入“我的”功能界面，单击右上方齿轮形“设置”按钮，进入“设置”界面，如图 7-2-21所示。

图 7-2-20　单击“我的”功能按钮

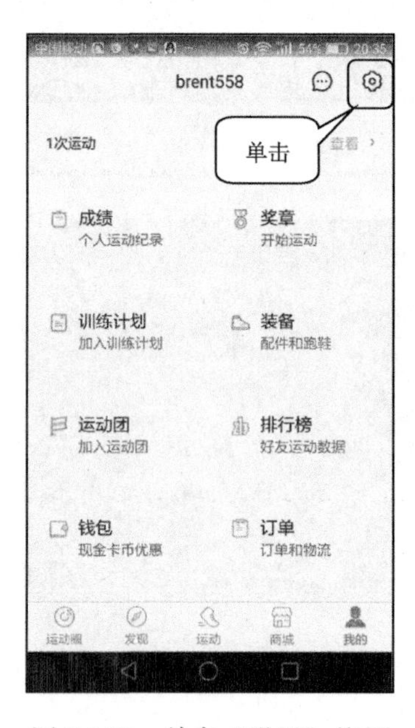

图 7-2-21　单击“设置”按钮

第二步：如图 7-2-22 所示，在“设置”界面单击“微信步数排行”按钮，软件会自动跳转至微信中，如图 7-2-23 所示，然后单击“进入公众号”按钮。

第三步：进入软件微信公众号，如图 7-2-24 所示，单击“排行榜”按钮，公众号会获取今日步数排行，单击所获取到的排行数据，进入“排行榜”界面。可以在自己和好友的步数后面点赞进行相互鼓励，如图 7-2-25 所示。

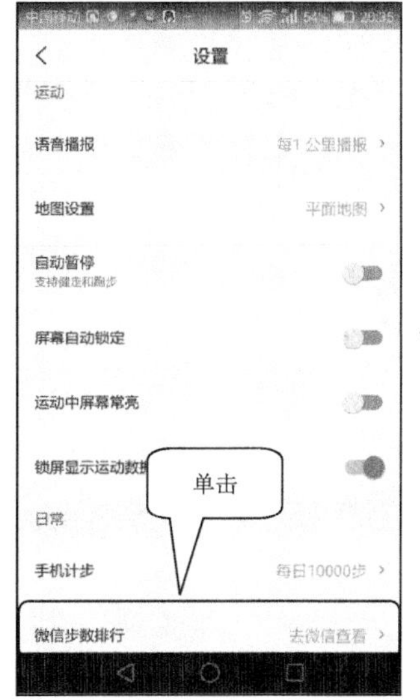

图 7-2-22 单击“微信步数排行”按钮

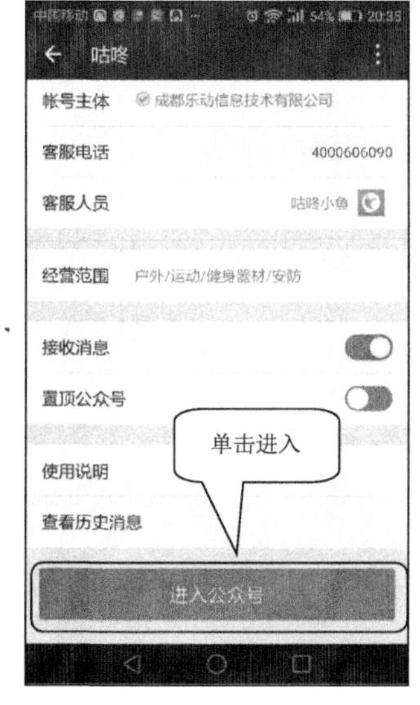

图 7-2-23 单击进入公众号

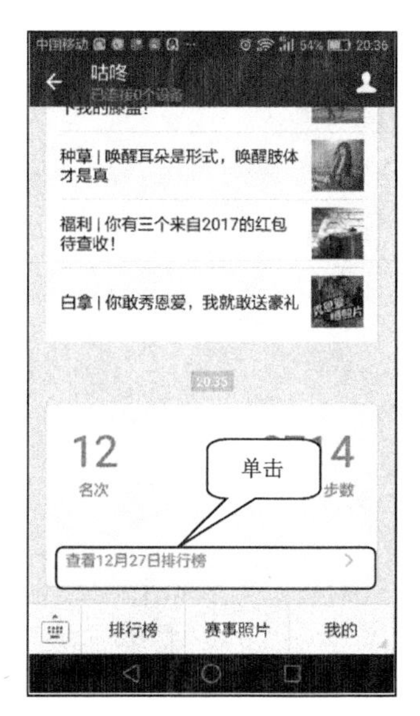

图 7-2-24 单击获取排行数据

图 7-2-25 “排行榜”界面

小贴士：使用运动软件时除计步功能支持在没有网络的情况下使用，运动里程、分享、排行等功能必须在联网的情况下才能使用，因此当您开启手机移动网络使用运动软件时，会产生流量费用，建议您合理订购流量套餐，以免支付额外手机话费。

练习题：

请您使用运动软件进行一天的运动计步，并查看一下自己在朋友当中的排行吧。

任务三　手机健康助手

现在运动辅助设备非常多，大众常用的包括运动手环、心率带、运动手表、体重秤、智能跑鞋等，每个运动设备都具有不同的特色和功能。运动手环主要涉及的功能包含计步、计里程、测量心率、分析睡眠等，运动手表开发了电话提醒功能。虽然每一款运动设备都有自己的特色，但连接方法基本相同。您可以相互比较，根据自己的需求选择一款觉得最适用的进行使用。

活动一：设备连接

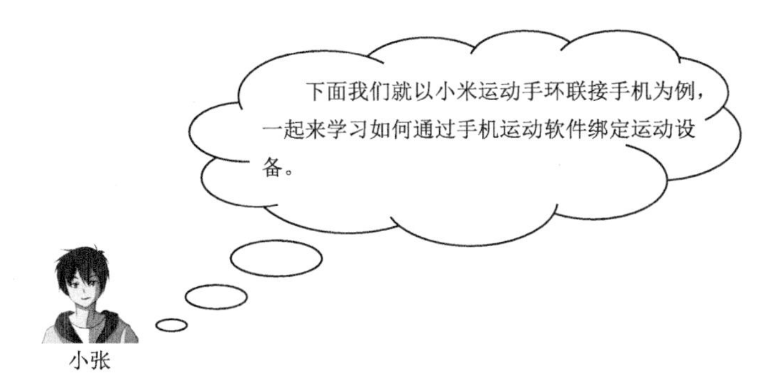

第一步：在手机屏幕上找到“小米运动”软件图标，如图 7-3-1 所示，单击进入软件。

图 7-3-1　单击运动软件

小贴士：不同品牌的运动设备所下载的软件有所不同，根据设备说明书要求进行下载安装。

第二步：进入小米运动软件后，单击屏幕下方的“登录”按钮，如图 7-3-2 所示。在登录界面，输入账号、密码进行登录，没有账号的用户可以先行注册后再进行登录，如图 7-3-3 所示。

图 7-3-2　单击“登录”按钮

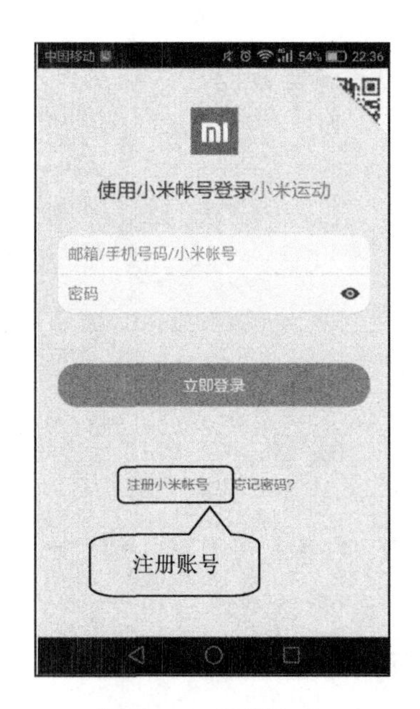

图 7-3-3　注册账号

第三步：在初次登录软件时需要设置昵称等信息，通过单击“下一步”按钮，分别完善性别、出生年月、身高、体重、运动目标等信息，如图 7-3-4 所示，设置完成后单击“完成”按钮，如图 7-3-5 所示。

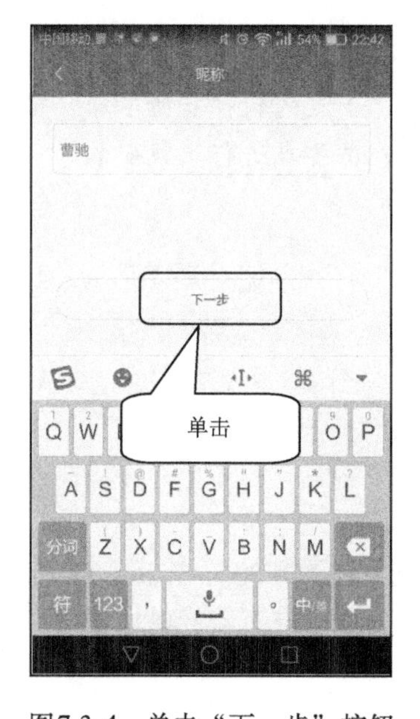

图7-3-4　单击“下一步”按钮

图 7-3-5　完成设置

第四步：在进入主界面前系统会提示手机开启蓝牙功能，如图 7-3-6 所示，单击“允许”按钮。手机上方显示如图 7-3-7 所示的图标时，表示蓝牙已开启，可以连接运动设备。

图 7-3-6　允许打开蓝牙

小贴士：手机连接设备需要在蓝牙功能开启的条件下才能进行。

第五步：单击“未绑定设备”区域，如图 7-3-7 所示，进行设备绑定或单击“我的”按钮进入如图 7-3-8 所示的界面，单击“添加新设备”按钮。

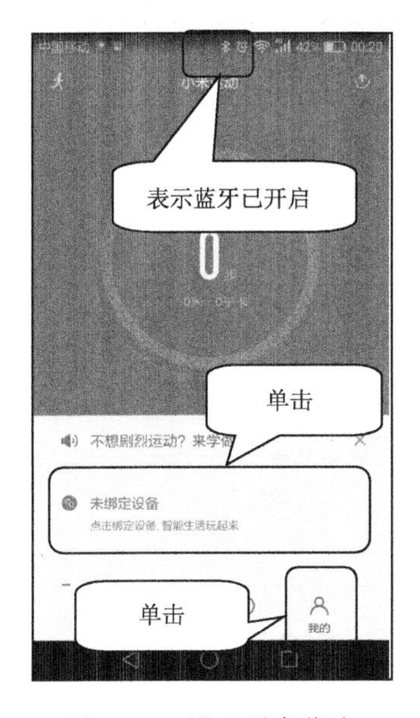

图 7-3-7　进入设备绑定

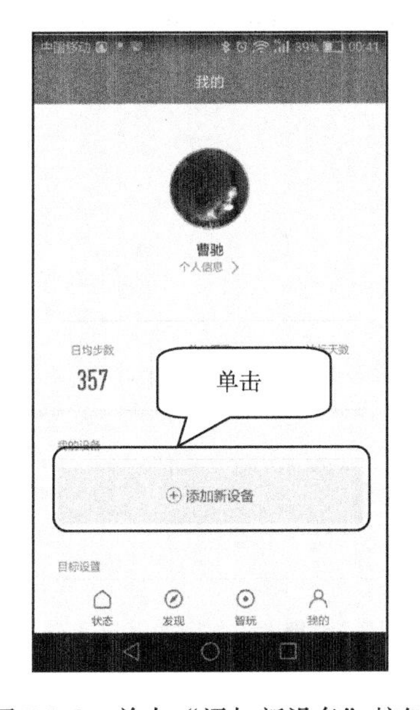

图 7-3-8　单击“添加新设备”按钮

第六步：选择添加设备的类型，单击“手环”，如图 7-3-9 所示。设备连接要求手环与手机在近距离内完成搜索，可能需要 1 ~2 分钟时间，如图 7-3-10 所示。

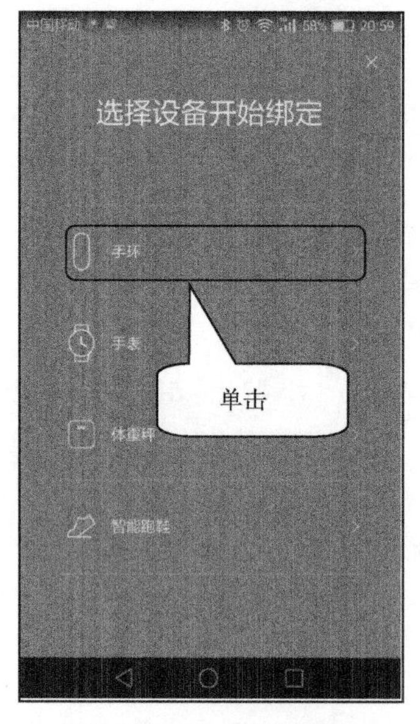

图 7-3-9　单击选择设备

图 7-3-10　搜索手环

第七步：搜索成功后根据如图 7-3-11 的提示在手环上单击确认，完成绑定。绑定好的设备会在“我的”界面中显示设备，如图 7-3-12 所示。

图 7-3-11　提示单击手环确认

图 7-3-12　连接完成

活动二：测量心率

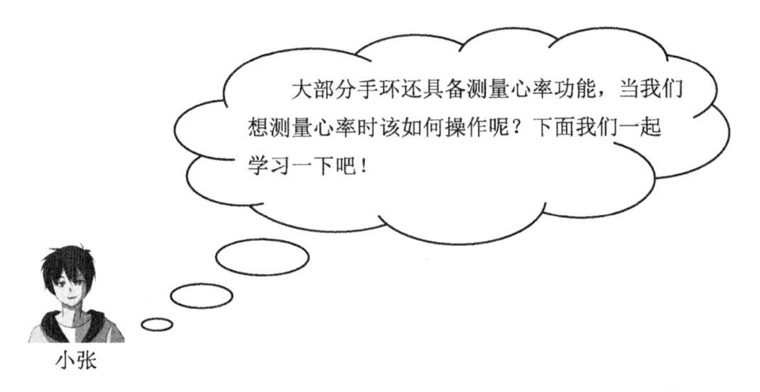

第一步：通过“状态”界面中向上滑动屏幕，找到“单击测量自己的心率”，如图 7-3-13 所示，单击“测量”按钮，如图 7-3-14 所示。

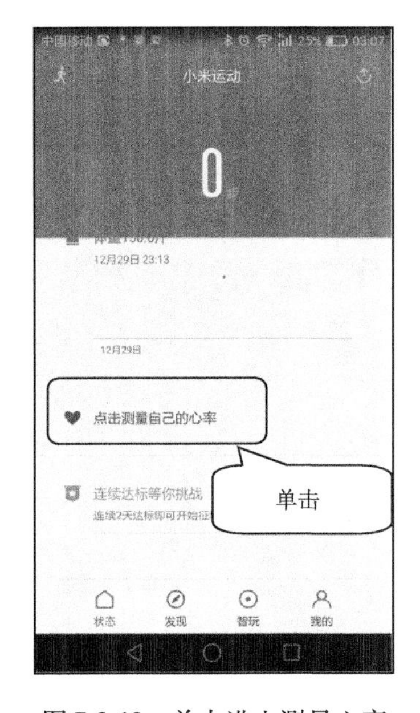

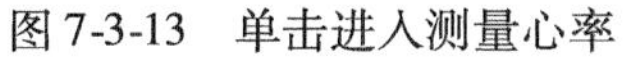
图 7-3-13　单击进入测量心率

图 7-3-14　单击测量心率

第二步：完成测量后单击“测量结果”，如图 7-3-15 所示，可以进入详情界面，查看本次心率区间范围。向上滑动屏幕，可以查看在不同运动情况下的心率区间，如图 7-3-16 所示。

以跑步为例，查看运动后的心率。

当完成跑步运动后，如图 7-3-17 所示，单击运动“公里数”，进入历史记录，单击“运动数据”，如图 7-3-18 所示，查看详情。

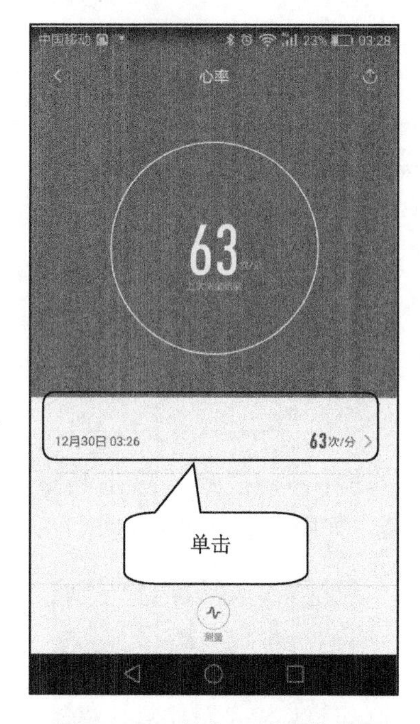

图 7-3-15　单击“测量结果”

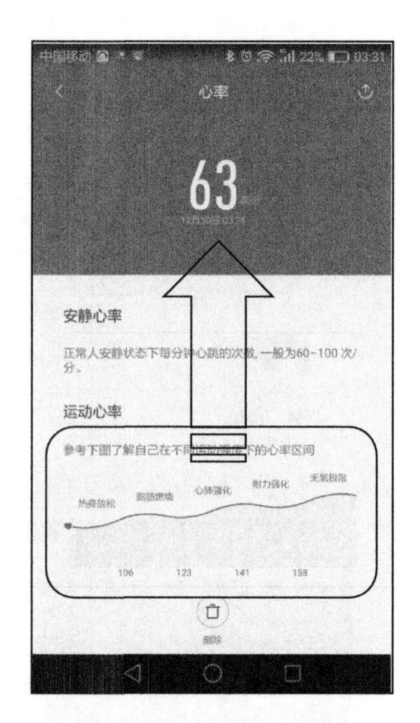

图 7-3-16　查看心率区间

图 7-3-17　单击“公里数”

图 7-3-18　单击“运动数据 ”

进入详情界面后，如图 7-3-19 所示，单击“图表”按钮进行切换，即可查看在运动不同时间段心率的情况，如图 7-3-20 所示。

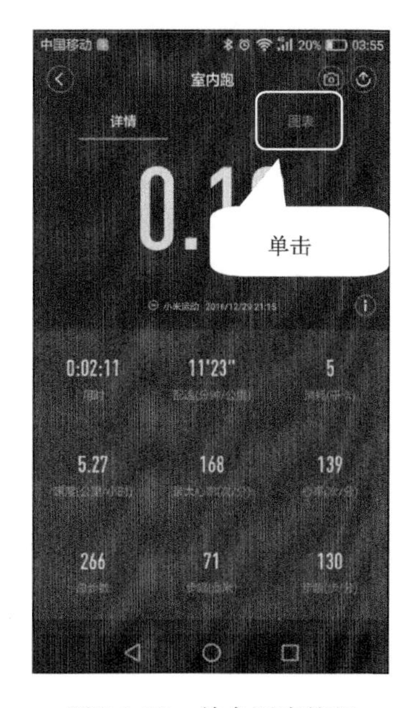

图 7-3-19　单击图表按钮

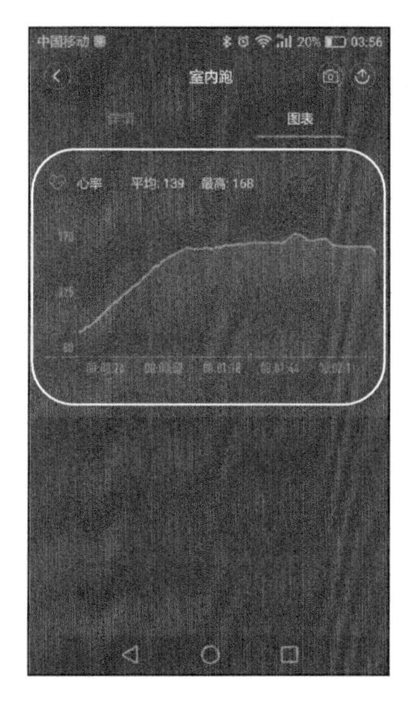

图 7-3-20　查看运动不同时间段心率

活动三：测量睡眠质量

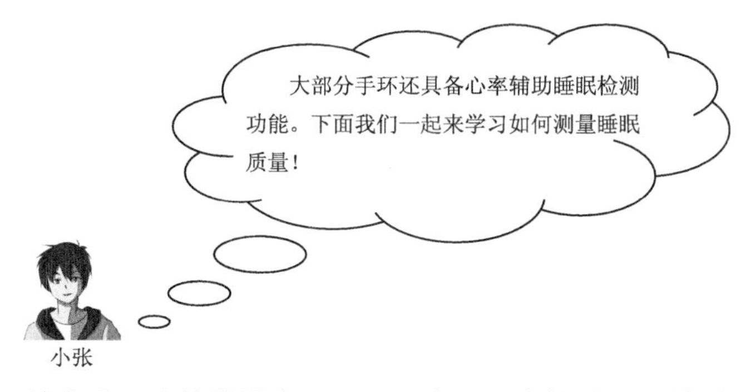

第一步：单击进入连接的设备，可以开启“心率辅助睡眠检测”功能，向上滑动手机屏幕，选择设置的功能，如图 7-3-21 所示，单击“开关”按钮进行开启，如图 7-3-22 所示。

第二步：在带着手环入睡的次日或午睡后，进入“状态”界面数据将自动同步，单击“睡眠数据”，如图 7-3-23 所示，即可进入如图 7-3-24 所示的界面查看详细信息。

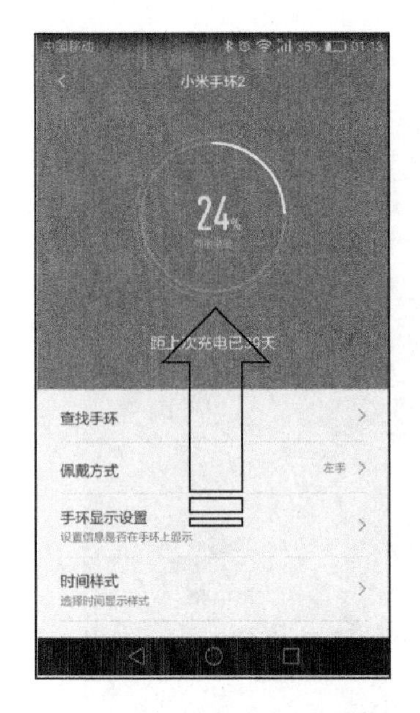

图 7-3-21　选择设置的功能

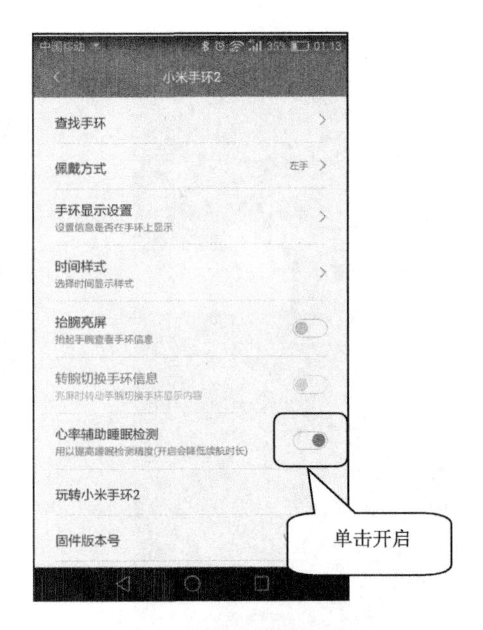

图 7-3-22　开启心率辅助睡眠检测

图 7-3-23　单击“睡眠数据”

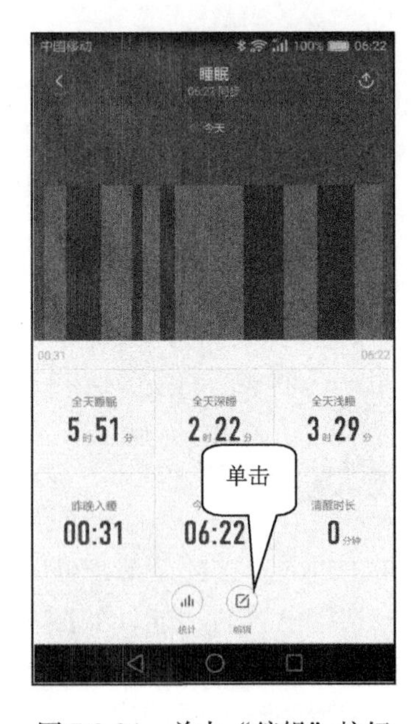

图 7-3-24　单击“编辑”按钮

第三步：当睡眠数据没有同步成功时，通过单击“状态”界面中的“无睡眠数据”，如图 7-3-25 所示，可以进入如图 7-3-26 所示的界面，单击“编辑”按钮进行睡眠时间编辑。

第四步：修改睡眠时间，修改完成后单击“保存”按钮，保存数据，如图 7-3-27 所示，系统会显示睡眠质量的数据，如图 7-3-28 所示。

图 7-3-25　单击睡眠数据

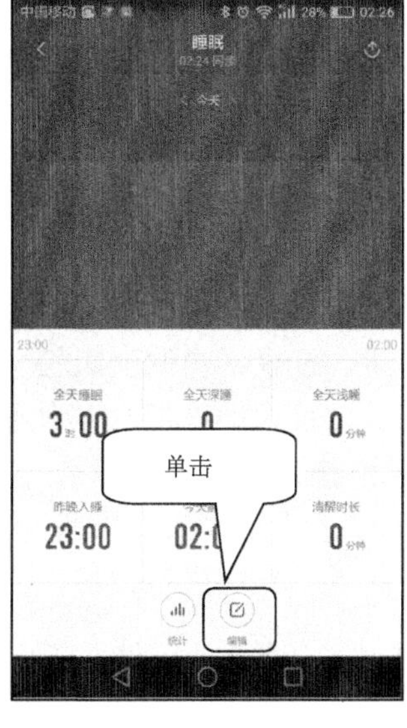

图7-3-26　单击“编辑”按钮

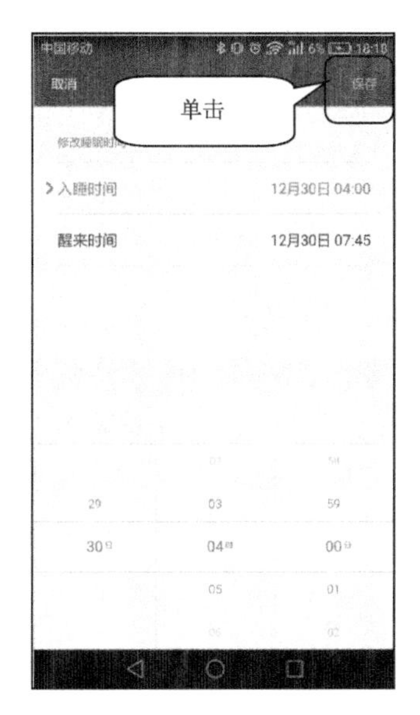

图 7-3-27　保存数据

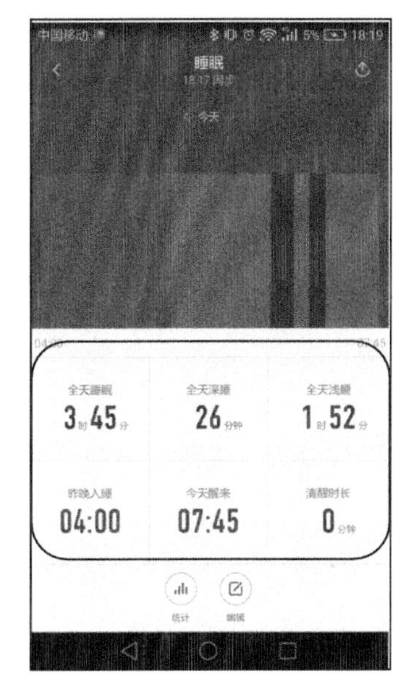

图 7-3-28　睡眠质量的数据

小贴士：市面上的运动设备繁多，在选择运动设备前应做好调查，是否能与自己的手机系统匹配。不同的运动设备在功能上存在一定差异，根据个人需求适当选择。运动设备只是身体健康监测的一种手段，不要过度依赖数据，当数据出现异常时也不要过度紧张，定期体检及时就医必不可少。

练习题：

请您下载一款手机运动软件并安装，尝试利用它记录一天的步数，并探索一下软件的其他功能。

单元小结

本单元我们学习了用手机进行预约挂号、手机运动以及手机健康助手三个任务。预约挂号详细介绍了注册、登录、查询就医信息、预约挂号的操作方法；手机运动着重介绍了运动计步、记录运动里程、查看运动排行的操作步骤；手机健康助手主要展示了设备连接、登录、注册、测量心率、测量睡眠质量的操作过程。学好本单元可以帮助我们更有针对性地就医，享受便捷服务，增强健康意识，随时随地愉悦身心。智能手机软件更新较快，会出现更多的新功能，希望大家根据所学的方法主动探究、主动学习、大胆实践，丰富自己的生活。